《生活面对面》特别奉献逃生大本营

孩子听我说

北京电视台《生活面对面》栏目组　编

华中科技大学出版社
http://www.hustp.com

图书在版编目（CIP）数据

逃生大本营：孩子听我说 / 北京电视台生活面对面栏目组编．—武汉：华中科技大学出版社，2014.9
ISBN 978-7-5680-0387-2

Ⅰ.①逃…　Ⅱ.①北…　Ⅲ.①自救互救-少儿读物　Ⅳ.①X4-49

中国版本图书馆 CIP 数据核字（2014）第 205349 号

本书部分图片和文字来自互联网，对图片和文字作者在此表示感谢！如有诉求请与我们联系。

逃生大本营：孩子听我说　　　北京电视台生活面对面栏目组　编

策划编辑： 马云鹏
责任编辑： 高越华
装帧设计： 肖　杰
责任校对： 九万里文字工作室
责任监印： 朱　霞
出版发行： 华中科技大学出版社（中国·武汉）
武汉喻家山　邮编：430074　电话：（027）81321915
录　　排： 北京楠竹文化发展有限公司
印　　刷： 北京科信印刷有限公司
开　　本： 710mm×1000mm　1/16
印　　张： 8.5
字　　数： 160 千字
版　　次： 2015 年 5 月第 1 版第 2 次印刷
定　　价： 28.00 元

本书若有印装质量问题，请向出版社营销中心调换
全国免费服务热线：400-6679-118，竭诚为您服务
华中出版

编者的话

孩子，你知道打篮球的时候，妈妈为什么一定让你穿上平角内裤吗？

你知道，爷爷为什么唯独要把那盆花放在高处吗？

如果你跟狗狗换一种方式相处，说不定它还能帮你提高学习成绩呢！

一些危险的糖豆你千万不能吃，它们会让你离开爸爸和妈妈。

你长大了，遇到怪叔叔，你知道怎么办吗？

……

孩子们在学习生活中遇到的上述问题，该如何应对呢？针对这些疑问，为了能给孩子们一个快乐的生活环境，让家长们能陪着孩子们快乐地成长，北京电视台生活频道《生活面对面》栏目，联合北京市教委和北京二十余所知名学校，强势推出了一档关注儿童安全的系列节目《逃生大本营：孩子听我说》。

节目中将针对8~14岁的青少年和他们的家长，告诉他们一些他们平时所不注意的事情，告诉孩子们什么事情能做，什么事情不能做；什么是好事情，什么是坏事情；发生了安全事故后应该怎么办；家长应该如何来防范孩子面临的安全隐患等大家最关心的热点话题。

该节目由北京电视台生活频道《生活面对面》栏目的制片人兼主持人王倩主持。

本书是根据儿童安全系列节目《逃生大本营：孩子听我说》改编而成，图书不仅保留了电视节目的精彩内容，还增加了一些安全知识和常识，使孩子们在遇到危险时能够及时有效地避险。

在这里，您和您的孩子将学到：危险面前如何避险、灾难面前怎样逃生、事故面前如何自救。

目 录

孩子
听我说

一、宠物亲子课，今天您上了吗

据来自卫生防疫部门的统计，北京每天有139名儿童受到意外伤害，平均每天有30人是被各类狗咬伤的，其中82%的伤害源于宠物狗。为何温顺的家养宠物对孩子如此凶残？宠物狗什么样的行为预示攻击即将发生？怎样的喂食方法能有效地避免孩子被狗咬伤？

王倩：（北京电视台生活频道《生活面对面》主持人）

究竟为什么这些人类的好朋友会伤害我们的孩子？您家的宠物狗，是不是也存在这样的潜在危险呢？今天我们将从以下几个关键词为您拆解。首先，我们一起看一个案例。

案例

2013年8月1日早上，7岁小男孩明明（化名）像往常一样去舅舅家玩，在回家的时候却被舅舅家饲养的一条中亚牧羊犬咬伤（中亚牧羊犬据说是亚洲獒的后代，是大型高加索牧羊犬的近亲），右颌被严重撕裂，后脖子以及右脸颊上也留下长约3厘米的伤口。受伤的明明被紧急送至医院接受治疗。

关键词1：瞬间读懂宠物攻击语言

王倩：宁老师，有孩子跟我说动物眨眼睛是想跟你玩，是这样吗？

宁蔚：其实不是的。今天我可以教大家一些我们家里最常养的宠物狗的信号。如果小狗冲你龇牙、低吼，说明它随时有可能伤害你。希望大家经过今天的学习，在小狗表现出这些危险信号之前就远离它。

危险信号

1. 月牙眼 2. 舔舌 3. 打哈欠
4. 眨眼 5. 夹尾巴 6. 急呼吸

宁蔚：月牙眼，就是小狗把黑色的眼珠瞥向一边，露出一部分白色眼仁，看上去像一个月牙的样子。当你的小狗出现月牙眼的时候，它其实是在告诉你，你离它太近了，它感觉很不舒服，你最好离远一点。第二个危险信号：舔舌。大家可以试一试，拿手机或者照相机离小狗大概20厘米左右的距离，打开摄像功能，你会发现，10秒之内它至少会出现两次用舌头舔自己鼻子的行为。这也是在告诉你，你离得太近了，它感觉不舒服。小狗喜欢我们抱它吗？不是的。当我们把它抱起来，控制了它的活动空间的时候，它就会用这些信号告诉你，它很不舒服。

王倩：我总结一下，就是小狗喜欢的方式未必是咱们想象的那样。咱们以为是给它特别好的款待，比如说拥抱，可能小狗并不喜欢，这个时候它就会通过表情告诉你。如果你还强行拥抱它，它就会生气了。

宁蔚：是的，打哈欠、眨眼、夹尾巴、急呼吸，都是小狗在告诉你，它不舒服。需要特别注意的是急呼吸。大家都知道，小狗如果热了，会伸出舌头散热、喘息，但这和急呼吸是不同的。散热要伸出舌头的二分之一还要多，而急呼吸是微微张开嘴，舌头并没有伸出来。这就是小狗在告诉你，它感觉不舒服了。夹尾巴而且低吼、龇牙，就是小狗要准备攻击了。所以当小狗出现上面这些情况的时候，我们要给它一点空间，向后撤几步，你会发现小狗很快就不打哈欠了。它会觉得你懂它，就会喜欢跟你玩。

王倩：有的时候，小朋友不太清楚一些事情，或者是不懂得一些行为有可能会激怒家里的宠物，从而导致受伤。相对来说，家养宠物对小孩要比对成年人的反应更激动、更敏感一些，因为小朋友的动作的频率和幅度比成年人要夸张得多。如果遇到陌生的狗，或者自己家里的狗突然开始低吼，我们要避免发生伤害，最简单的方法就是尽可能把动作的幅度放小、速度放慢，而不要大声尖叫或是突然跳跃，这些动作都会刺激动物，激发它的一些行为，所以尽可能保持冷静是非常重要的。还有就是在喂小宠物的时候，有没有什么需要注意的？

宁蔚：喂食小宠物要记得一点，就是千万不要去逗它。比如你拿着吃的给它，又怕它咬你的手，所以给它又缩回来，给它又缩回来，那么小狗不觉得你是害怕它咬你，而是会觉得你成心不想给它，你想把它的好吃的拿走。正确的方法是把食物放在自己的手心，让它清楚地看到食物就在这里，你不会把它拿走，这样小狗很快就会明白。动物是非常聪明的，它不会去做那些无用功，就算咬到你的手，它也吃不到里边的吃的。所以当它发现可以很简单地获得食物的方式后，它很快就会习惯这样的方式。那么相反的，如果你总去挑逗它，你的狗一次一次总是吃不到你手里的食物，那么它就会学会了只要有吃的，一定要尽可能快地张嘴使劲咬住。所以小朋友，如果你们想喂小狗，就在有家长陪伴的情况下大大方方地喂。

王倩：是的，不要老是这样又害怕又想喂，这时候小狗可能就着急了，一着急就会咬到咱们的手。

关键词2：让孩子远离宠物伤害有绝招

宁蔚：下面我给大家讲讲动物训练的事。美国海军在战争的时候专门训练过海豚，让它们到深海里去发现哪里有鱼雷，然后示警，这样军舰就可以避开鱼雷。

“二战”的时候，美军还曾经训练了一只猫，这只猫可以带着摄像机和窃听器跑到对方的指挥部那里去窃听军情。那么我们怎么才能让这些动物这么听话呢？这就说到了训练动物的方式，我们管它叫做正向训练，就是忽略所有错误的，只肯定正确的。大家可以想象一下，如果有一次你在某个地方丢了一个钱包，下次当你再靠近那个地方的时候，你就会有一种心理上的焦虑感，觉得不舒服；但如果你在某处获过奖，那么你一靠近那里就会非常兴奋。我们训练小动物，要让小动物一看到我们就非常高兴，因为我们总会给它带来好东西，这就是正向训练。我们只肯定它正确的行为，它正确的次数就越来越多，那么必然的，错误的就越来越少。我在训练的时候会使用一个东西，就是响片。你按一次响片给它一次吃的，再按一次响片给它一次吃的，它就形成了经典条件反射，知道了响片一响就会有吃的。之后当它的某一个行为是我想要的时候，我就先按响响片，再给它吃的，这样就比较容易捕捉到那个行为。

王倩：这个训练方法不光是对小动物，对咱们人类也同样适用吧？

宁蔚：是的，而且现在的正向训练和以前有不一样的地方。以前训练小狗，它如果跑开了，我一叫它的名字它就回来，我就给它吃的。但是训了一段时间，你会发现你的小狗越来越不听话。为什么呢？因为小狗的理解是，它要先距离你远一点，等着你叫它，然后它再回来，你就给它吃的。这就是动物的理解。所以现在只要它一看我，我就会按响片给它吃的，我不用管它到底怎么做。它又看我了，我又按一下响片，又给它吃的。经过几次后，它就会意识到，原来主人是关键，只要找到了主人就有好吃的。而如果你一直叫它，它就会等着你叫，你不叫它就会离你越来越远，但你总不能出门一直叫着它的名字吧，那它就没法玩了。所以我们要让它知道，你主动找到我，就会有好吃的。

小朋友提问：狗狗为什么跟主人保持距离？

宁蔚：如果你叫你的小狗，但是它不回来，距离你六七米就卧下了，有很多主人会去追它，它就往后跑；主人走它就跟着主人，但是永远跟主人保持六七米。这是因为主人越叫越生气，越叫声音越大，所以小狗就特别害怕，最后就出现了这个动作，我们管它叫定格不动，就是它永远跟你保持六七米距离，你要往前走它就跟着你，你要追它它就赶紧跑。

小朋友提问：如何掌握狗狗的脾气？

宁蔚：小动物和人不一样，你理解的脾气实际上是有一点情绪在里边，而情绪是逻辑思维动物才会有的，小动物不是逻辑思维动物，它们是条件反射动物，所以实际上它们是没有情绪的。我大概能明白你的意思，就是想知道你家小狗今天是高兴还是不高兴，是吗？其实我们刚才讲到的信号就是很好的教会你阅读小狗今天脾气的方式。

小朋友提问：狗狗随地大小便怎么办？

宁蔚：简单说，大小便的问题一定是惩罚导致的结果。第一天你把小狗带回家，它在家里排便，然后主人回家以后把它拽到那儿，跟它说不许在这儿拉屎，打它一顿，然后扔到厕所去，那么小狗可能会记着不能在这儿大便，但是它可能会在家里的其他地方大便。正确的方式是当它在正确的地方排便的时候，我们去奖励它。但是如果你把你的狗散放在一个130平方米的房间里，然后等着它在正确的地方排便，那可能10年都等不到一次。所以你要在刚把它带回家时就关到那个让它排便的地方，这样它就肯定会在那里排便，对吗？只要你没有惩罚过它，那么它只要一排便，你就可以奖励它了。如果有一天它突然不在那里排便了，到另外一个空间排便，你也不需要去惩罚它，只要把它关回原先那个空间就行了。

专家提醒

打骂对纠正狗狗随意排便行为毫无帮助，只有不断鼓励狗狗在正确的地方排便才能解决这一问题。

关键词3：养对宠物，问题少年变学霸

王倩：研究表明，和养小动物的小朋友相比较，不养小动物的小朋友可能更容易自闭，更不喜欢亲近大自然；而养小动物的小朋友会比较喜欢跟别人分享快乐，而且喜欢照顾比自己弱小一点的小朋友。

宁蔚：是这样的。普遍的研究发现，当小朋友们跟小动物接触的时候，他们会更容易敞开自己的心扉，会感觉心情非常舒畅。家里如果有小朋友的话，养小宠物是非常适合的，能够培养小朋友的爱心和耐心。按时照顾小宠物，给它洗澡，带它出去玩，还有进行一些互动，这些都会提高小朋友的观察能力，同时也能让他们更加善解人意。

王倩：其实有的家长特别担心，养了宠物会使孩子的学习成绩下降，会是这样吗？

宁蔚：如果家长对于小朋友的管理和小朋友自己学习的自律能力不是很好的话，就算不养宠物，可能也会出现学习分心的情况。同样的，如果养了宠物，也并不代表所有的小朋友就一定会在学习方面分心。当然了，合理分配时间、安排好作息时间是必需的。

安全提示

如何避免被狗咬

1. 绝对不要去亲近一只你不熟悉的狗，那些被拴住的、关在栅栏或是车里的更是如此。

2. 在狗没有看见你、嗅闻你之前，不要去抚摸它，即使那是你养的狗。

3. 千万不要背对狗狂奔而去，狗的天性会命令它追上去抓住你。

4. 当你发现一只狗在睡觉、进食或啃咬玩具、照料小狗仔时，请不要打扰它。

5. 在陌生的狗狗周围行动时必须多加小心：不认识你的狗狗可能会将你当作一个入侵者或是小偷。

6. 当你遇到一只可能会攻击你的狗时，请遵循以下步骤：

①绝对不要尖叫，或逃跑。

②保持静止不动，双手放在体侧，避免和狗对视。

③一旦狗对你失去兴趣，这时你可以慢慢地后退离开，直到它消失在视野里。

④若狗已经开始攻击，那么将你的外套、钱包、自行车或任何可以扔出去的东西“喂”给它。

⑤如果你跌倒，被扑倒在地上，请尽量蜷起身体，并用双手捂住耳朵，保持静止。同时不要尖叫或翻滚。

⑥别突然做动作，和狗打交道要避免做任何突然性的动作，因为即使是出于善意，也会使它感觉受到威胁，发起攻击。如果要和狗亲近，最好先蹲下，和它保持平等位置，做动作时放慢速度，让它看清楚（这招对猫也管用）。

⑦不要和狗对视。在路上遇上小狗朝你狂叫示威时，不要和它的目光直接接触。否则它很可能觉得你是在挑衅，发动攻击。

⑧见了狗不要跑。如果路上遇见了狗，不要急于后退或逃跑，一退一逃，动物就追，这是它的本能。人一般都跑不过动物，反而更容易遭到攻击。慢慢蹲下是一个好办法，特别是在遇到小狗时，因为降低高度，它感觉威胁消除了，就会放弃攻击。

二、警惕！孩子家中中毒的神秘元凶

随着假期来临，孩子玩耍的时间也增多了。植物专家提醒家长和孩子，切勿乱食来历不明的植物。而我们身边的一些有毒植物，如水仙花、铁树的果实等也应当小心对待，避免幼儿误食。

案例

2014 年 3 月，7 岁的小龙和表弟在家里玩耍，看到家里的盆栽，兄弟两个人玩起了摘叶子比长短的游戏。小龙突然脸色发白、冒冷汗，口唇麻木肿胀。送到医院之后，医生判断小龙是植物中毒。

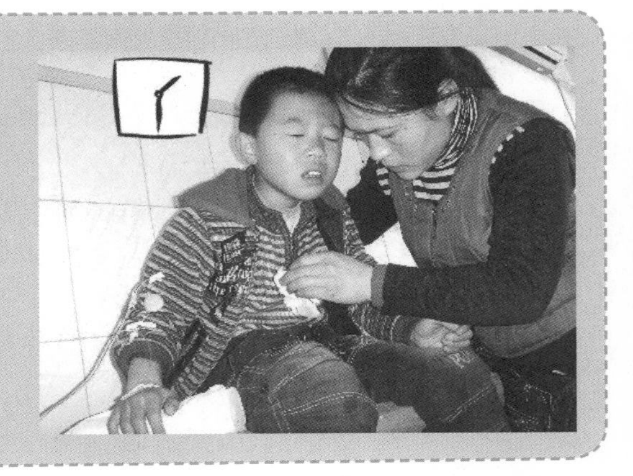

王倩：据统计，2013 年仅北京儿童医院急诊科接诊治疗的儿童中毒的病例就有 369 起，平均每天发生一起儿童中毒事故。2010 年，全国伤害监测系统对 0 到 14 岁的孩子进行的中毒数据统计显示，中毒造成的中重度伤害比例为 41.9%，其中 86.4% 的中毒发生在家里。那么孩子是如何在家里遭遇中毒的呢？家养植物又可能会给孩子们带来哪些安全隐患呢？今天请到的嘉宾是中科院植物研究所植物学博士史军老师。

关键词1：一口就致命的家养绿植

王倩： 小朋友真的会吃家里面种的植物吗？

嘉宾： 我小时候特别淘气，学校里面种了很多串儿红，我嘬过串儿红里面的花蜜。我还吃过槐树花，就是到了春天，槐树花掉下来，一嚼是甜的，特别好吃。

史军： 他选择的这两种吃了都没有问题，但是有些植物吃了就不一样了。最近一则新闻里报道的中毒的小朋友吃的东西很平常，我们家里可能都有，就是滴水观音。

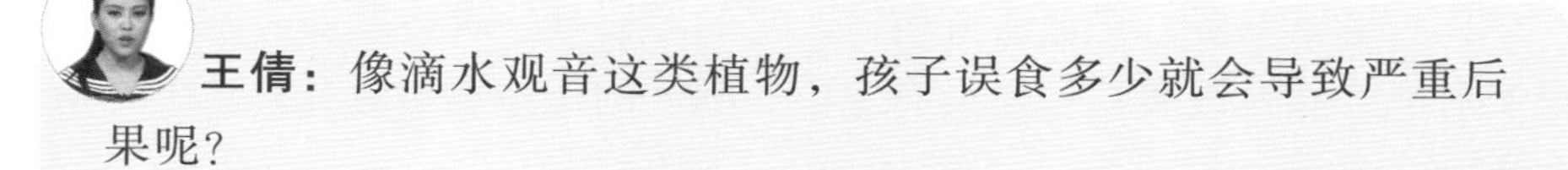

王倩： 像滴水观音这类植物，孩子误食多少就会导致严重后果呢？

史军：基本上一小片叶子就有可能引起不良反应。甚至如果把叶子掰开，汁水流出来，要是有小朋友好奇舔了一下，那整个舌头很长时间都会一直麻木。

王倩：所以，小朋友千万不要去尝试。其实，除了滴水观音，还有很多家养植物也可能导致孩子误食中毒。

史军：植物里面越是鲜艳的，通常情况下越可能是有毒的，部分水果除外。有毒的植物还有一个特点，就是它有乳汁。当你掰开它的叶子、花或是茎杆，乳汁就会溢出来。如果不小心弄到皮肤上，也会发生很严重的过敏反应。

关键词2：小心这些绿植，有小孩的家庭不能养

王倩：那请您再说一下，常见的植物里哪些是有毒的呢？

史军：首先是夹竹桃，这是常识了，夹竹桃是有毒性的植物，平时不去碰不去折，人和植物相安无事。一旦引起中毒，初期以胃肠道症状为主，有食欲不振、恶心、呕吐、腹泻、腹痛等。进而出现心脏不适症状，心悸、脉搏细慢不齐等。严重的会出现瞳孔散大、血便、昏睡、抽搐甚至死亡。

夹竹桃

其次是珊瑚樱，它是茄科植物，它的毒素是一种生物碱。吃了它的果实可能会心跳放缓，一样会有恶心、呕吐的反应，多吃几颗可能会有生命危险。

再次是红掌，它和滴水观音都是天南星科植物，里面的毒素是草酸

钙的针晶。五色梅也不能吃，还有木本夜来香和其他家养绿色盆栽。

珊瑚樱

红掌

案例

家住许昌市东城区某小区的李女士在打扫卫生时，随手把一片滴水观音的叶子丢到了垃圾桶里，没想到被一岁半的外孙瑞瑞拿出来咬了一口。随后孩子大哭不止，还不停地用手抠嘴。家人赶紧把孩子送到了医院，医生了解情况后查看了瑞瑞的口舌，用蒸馏水给他洗了胃，瑞瑞才恢复了正常。医院儿科医生说，滴水观音的茎和叶子有毒，分泌的汁液也有毒，误碰或误食会引起咽部和口部不适，胃里有灼痛感，严重者有生命危险。他们已经多次遇到孩子误食而中毒的病例。

滴水观音又名滴水莲、佛手莲，因在温暖潮湿、土壤水分充足的条件下会从叶尖或叶边缘向下滴水而得名，具有净化空气的作用。滴水观音的毒素主要来自于茎内的白色汁液及叶子上滴下来的水，汁液的刺激性很强，误食其汁液会刺激口腔和咽喉的黏膜，诱发局部性疼痛或麻木，严重者会引起喉头水肿。若抢救不及时，会因气管堵塞而窒息身亡。皮肤接触汁液会发生瘙痒，眼睛接触汁液可引起严重的结膜炎甚至失明。

滴水观音

安全提示

这些植物也有毒

绝大部分的观赏植物都是不可食用的，天南星科和大戟科的植物毒性尤为强烈，如滴水观音、一品红、红掌等。这些植物的枝叶接触皮肤会引起不同程度的过敏反应，如果误食则可能造成严重的呼吸道、胃肠道刺激，甚至有生命危险。

龟背竹：叶子会滴水，毒性与滴水观音类似。

绿萝：汁液有毒，碰到皮肤会引起红痒，误食会造成喉咙疼痛。

红掌：又名红烛，和滴水观音同属天南星科植物。叶子、枝和茎都有毒。

常春藤：有毒部位在果实、种子和叶子。

万年青：汁液与皮肤接触可引起瘙痒和皮炎。

茉莉花：含有毒性生物碱，若放在封闭房间里，会致人头晕乏力。

水仙花：人体一旦接触到水仙花叶和花的汁液，可导致皮肤红肿，误食会引起呕吐。

蜡梅：植株、叶子、果实含蜡梅碱等化合物，食用会产生抽搐症状。

一品红：全株有毒，其白色乳汁能刺激皮肤红肿，引起过敏性反应，误食茎、叶有中毒死亡的危险。

含羞草：体内有含羞草碱，过多接触能使人毛发脱落。

夹竹桃：茎、叶、花朵都有毒，它分泌出的乳白色汁液含有一种叫夹竹桃苷的有毒物质，误食会中毒。

杜鹃花：又名映山红。黄色杜鹃花含毒素，会引起呕吐、呼吸困难。

关键词3：中毒之后的黄金抢救法

王倩：如果孩子不小心误食了有毒植物，或者接触到皮肤该怎么办呢？

999急救专家魏岩方：接触到皮肤后，一定要在第一时间用清水或醋彻底清洗，之后及时拨打急救电话，到医院进行救治。拨打急救电话后，家属能做的就是让孩子保持半卧位，半坐位也可以。因为误食毒物后很可能会恶心、呕吐，半卧位就是怕呕吐之后引起窒息，这是最危险的。

关键词4：有种植物很神奇

王倩：虽然一些植物有毒，对孩子会有危害，但是有一些绿色植物却能够给我们带来很多乐趣。有种植物很神奇，能够治疗多动症。下面有请心理专家刘畅老师。

刘畅：植物在地球上是最早出现的，人在进化中对植物产生了一种无形的安全感。在国外有一份调查，把一个人关在一间封闭的屋子里，看他能够坚持多久。在有植物的房间，人能忍耐的时间比在没有植物的房间多出60%到70%。多动症通常有生理层面的原因，还有心理层面的原因。当孩子和家长互动过少的时候，孩子往往会产生各种多动的表现症状，目的是让大人能多跟他相处，陪伴他一起游戏。所以如果有一种东西能够在家长和孩子之间形成一种良好的介质，那么就会让孩子的多动在一定程度上得到很好的治疗。

王倩：今天我们就为大家找到了一种很适合家长和孩子互动的植物，就是近两年非常流行的多肉植物。下面请出著名的花艺设计师曹雪，让她讲讲养多肉植物有什么好处。

曹雪：我们把植物分成很多种，一种是比较勤快的人养的，一种是懒人养的。像多肉植物，我们俗称为懒人植物，就是你浇水太勤它就死了，你不去管它，给它很少的水分就可以了。

王倩：那栽种这种多肉植物，会不会对小朋友造成皮肤过敏甚至中毒的危害呢？

曹雪：大多数市面上可以买到的多肉植物基本上是没有毒素的，也没有什么味道，所以不会引起花粉过敏。可以给孩子找一些基本上没有刺的、长得很萌的植物。我做了很多设计，今天带了几个给大家看。这个是女生经常会用的梳妆盒，旁边有一个盒子，里面有一些简单的工具，这就是平时养护它的工具。另外一个作品是用家里的罐头瓶子做的，把它打开就会看到里面有一棵植物，一直在生长。我在瓶子口靠近盖子的部分开了孔，所以不用担心小朋友会误食，因为他碰不到；也不用担心脏了不好处理，只要擦瓶子就可以了。这是非常干净、非常有创意的礼物。

三、雷雨天的安全密码

进入雷雨季节，你知道如何保护自己免遭雷击吗？躲在家中更可能遭雷击，这是真的吗？史上最离奇的雷击事件，究竟为何发生？

案例

2014年8月13日15时20分，邢台气象台发布雷电黄色预警信号；当日傍晚17时许，在村后岗坡上放羊的张老太与儿子双双遭遇雷击。

2014年6月28日，永泰嵩口镇下坂村6名村民上山摘果时不幸遭遇雷击，酿成1死5伤的悲剧。

2014年6月23日，长乐发生雷击事故，一农妇在田间牵牛时被雷电击中遇难。

2013年8月17日16时40分左右，黄山景区发生雷击伤人事件，致3人受伤、1人死亡。7月23日，天柱山景区遇罕见强雷暴天气，在位于海拔1300米以上的主峰景区游览的游客突遭雷电袭击，造成3人死亡、9人重伤，另有1人失忆。

2013 年 7 月 5 日，河南平顶山叶县一名高中生在雷雨天打手机时被雷击致死。

2006 年 8 月 5 日 16 时 30 分，菏泽市出现强雷暴天气，菏泽市牡丹区小留镇张庄村发生了雷击事件。由于村庄电线较破旧、裸露较多，而且很多都穿过大树，导致闪电击在大树上由电线传至农民居住的平房内，其中一农户家 4 口人都被击中，一名 45 岁妇女和一名 13 岁男孩当场死亡；其邻居一名 13 岁女孩也被击中，当场死亡。

王倩：今年夏天，北京下过最大的一场雨是6月 17号。据统计，那一天北京一共落雷 9356 次。还有一组统计数据显示，全国每年有将近 1000 人遭雷击死亡，累积造成的直接经济损失近 10 亿元。那么，雷雨天究竟应该如何保护自己避免雷击呢?

关键词1：躲在家里更有可能遭雷击

王倩：今天我们请来了防雷避雷专家、高级工程师张卫平老师，请他先来讲讲为什么躲在家里更有可能遭雷击。

张卫平：如果我们所在的建筑没有很好的防雷措施，就有可能在室内遭到雷击。我给大家举个例子。我的一个同事在做防雷工程的时候去密云水库，水库的值班亭是彩钢板做的。由于天气比较热，他就把门打开了，结果就有一个球雷，或者叫滚地雷，顺着门缝进了屋子里，在屋里晃了晃，最后落在地面，“砰”的一声就消失了。因为球雷是随着空气的流动行走的，由于门开着有风，它就顺着风进到屋子里了。

王倩：我们现在知道了，如果下雨打雷了，首先要把自己家的门窗关上。

张卫平：对，那个雷落地的地板是铁的，由于我们给铁板做了接地，所以它就从铁板泄走了。如果没有接地的话，被球雷碰到的人就可能被击伤，甚至击死。屋子里当时有三个人，球雷进来的时候，他们三个都坐着没敢动。一动就会带动空气流动，球雷就会随着流动。

球形雷电

现场嘉宾：我小时候住在北新桥一个院子里，有一次打雷的时候我在屋里坐着，看见隔壁张大妈去树底下的铁丝上摘衣服。她摘的时候，晃了一下就倒下了，看着就是一个火球闪了一下。

张卫平：这位先生说的这个事例发生过不止一例，就是说雷击的时候，特别忌讳在户外触摸金属物体。晾衣服的是金属线，下雨时衣服也是湿的，都是导电的，正好她拿衣服的时候一个雷下来，就被击中了。

王倩：除了要把门窗关好之外，我们还要采取什么措施呢？

张卫平：如果有可能，要把所有家用电器的插销拔下来，也就是切断雷电的物理连接。家里有电脑的话，别忘了把网线也拔下来。

雷雨天在家中要避免雷击，最重要的就是把门窗关好；其次要尽可能地拔下家用电器的插销，避免在雷雨天使用太阳能热水器、电热水器等容易引雷的家用电器。

家长：我想问一下，下雨的时候好多孩子喜欢打着伞蹚水玩，这种情况是不是也很危险？

张卫平：现在小区里的楼与楼之间都比较近，这种情况下不太可能直接被雷击打到。楼和楼之间的空地上相对来说还是好一些的，但是在野外，拿着金属把的伞就很危险。因为这个时候，金属把的伞相当于建筑物顶上的避雷针，避雷针的作用是引雷的，所以雷雨天在野外打伞相当于是在引雷。

王倩： 要是手还摸着这个金属的杆就更危险了，所以小朋友们记住了，出去打伞的时候，伞上面的尖最好不是金属的；另外拿伞的时候手不要握在能导电的铁、铝或者合金的部分，一定要握在绝缘的部分。

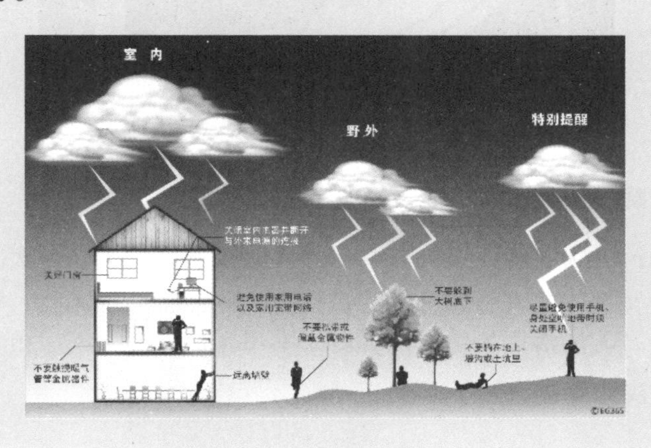

关键词2：穿什么衣服最容易遭雷击

王倩： 现在让我们把目光聚焦到足球场上。世界杯刚刚结束，可能很多人不知道，世界上许多著名的雷击事件都发生在足球场上，其中最离奇的是刚果的一场足球赛。闪电击中了足球场，场上客队的 11 名球员全部遇难，而主队的球员则毫发无损。该新闻一曝出，就有很多网友说，穿红蓝绿三种颜色的衣服容易遭雷击。我们来听听张老师怎么解答。

张卫平： 目前还没有证据表明穿什么衣服更容易遭到雷击。关于这个足球场上的悲剧，应该是由于客队队员所穿的球鞋鞋底的绝缘强度不够，是跨步电压把他们击死的。客队和主队的球员分布在整个球场上，雷击实际上是击到足球场中间，然后造成了局部电位升高，在两脚之间产生了跨步电压。我估计主队球员的球鞋的绝缘性比客队球员的要好得多。

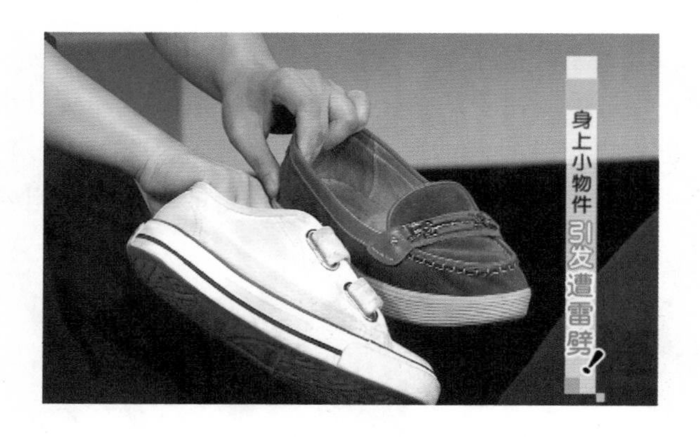

现场答疑：衣服饰品与雷击的关系

张卫平：说到衣服我想补充一点，实际上衣服的影响不大，但是衣服上如果有金属物体或者金属饰物，包括本人佩戴的金属饰物，在雷击的时候就有可能对人体造成伤害。国外有一个中年妇女被雷击了以后，她戴项链的部位的皮肤就被烧焦了。

现场答疑：佩戴金属眼镜是否容易被雷击

张卫平：有一些安全隐患，在城市里没关系，如果去野外郊游遇到雷雨天，把眼镜摘下来就行了。

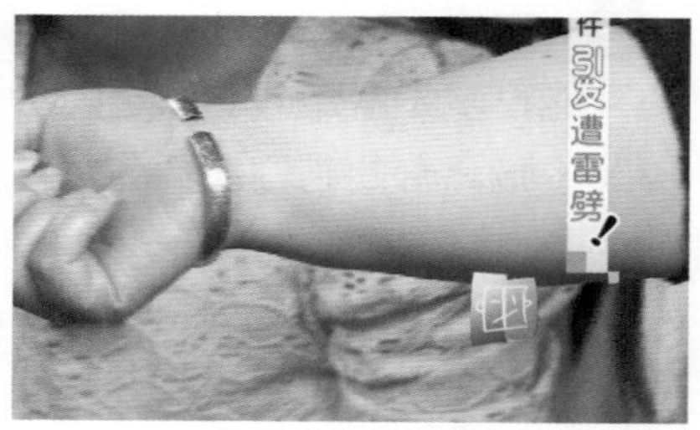

现场答疑：佩戴金属手环是否容易被雷击

张卫平：如果雷很近很大的话可能有问题，那个环口正好是可以击穿打火的。就是说如果雷很大的话，手环上产生的电流是很大的，超过了空气的绝缘强度，就容易打火。如果戴在手上，超过了皮肤的绝缘强度就有可能打火。

关键词3：为什么遭雷击有人致死有人没事？

王倩： 研究发现遭受过雷击的人都有一个共同特点，就是在身体的不同地方都会产生一种小洞。那么究竟人遭受雷击的时候，身体发生了什么样的变化？为什么同样是雷击，有人没事，有人就会致死呢？

张卫平： 人被雷击，就是雷电流经人体，在人体内形成一个回路，等待泄放。如果这个回路经过心脏的话会造成心脏停止跳动，这个人就很危险；如果没有经过心脏，由于雷击的通道，就是雷电行走的路线会形成比较高的温度，也会把人烧伤。这些小洞都是雷行走的通道的一个出口，或者入口。

王倩： 下雨天应该注意的问题还有什么呢？

张卫平： 第一是要两脚并拢，这是为了防止跨步电压。被雷击死的足球队员就是腿叉开的，这样两脚之间的电压会比较大。然后蹲下，降低高度。雷电喜欢打击突出的部位，这个时候个子矮的小朋友就会比较占便宜了，还可以再把头低下去。

再有就是不要靠近高大的物体。在树下避雨遭到雷击的事件非常多，至少要离开树好几米的距离才可以；也不要在孤立的建筑的屋檐下面躲雨。还有在雷击的时候不要出入建筑物，在室外就在室外，在室内就在室内。因为建筑物内与外的电位是不一样的，如果在跨进建筑物的瞬间正好一个雷打下来，可能就会被击中。在野外一看下雨打雷了，可以躲进汽车里。汽车虽然是金属壳，但汽车轮胎是绝缘的，汽车本身相当于是一个封闭的金属壳体，其内部对雷电有屏蔽作用。

王倩： 您刚才说雷雨天不要出入建筑物，那是不是一打雷就不能回家了，原地蹲下就可以了？

张卫平：如果你觉得那个雷还是比较远的，没在脑袋顶上，可以赶紧回去，或者赶紧进学校的教室。比如像钢筋混凝土的建筑物，我们电学上管它叫法拉第笼式结构，它也有屏蔽作用，所以在教室里还是很安全的。

王倩：大自然的力量是无穷无尽的，我们提醒家长，虽然雷电击中人的概率比较低，但是我们并不能因此而忽略它。只有让孩子正确认识到危险，同时掌握遇到危险时的应对方法，才能保证孩子安全快乐地成长。

如何防范和规避雷击悲剧的发生

1. 雷雨时最好留在室内，关好门窗，不宜进行户外活动，特别是室外球类运动。

2. 无法躲入有防雷设施的建筑物时，要将手表、眼镜等金属物品摘掉，不宜把锄头、铁锹、羽毛球拍、钓鱼竿、高尔夫球杆等扛在肩上。在空旷场地不宜打伞，穿雨衣比打伞更安全。尽量降低身体高度，双脚尽量靠近以减少跨步电压，不宜快速行走和奔跑。野外最好的防护场所是洞穴、沟渠、峡谷。

3. 千万不要在离电源、大树和电杆较近的地方避雨，不要进入孤立的棚屋、岗亭等低矮的建筑物，不宜停留在铁栅栏、金属晒衣绳、架空金属体以及铁轨附近，切勿站立于山顶、楼顶上或接近导电性高的物体。

4. 尽量减少使用电子、电器设备，特别是手机，因为手机发出的电磁波会增加引雷概率。

5. 不宜使用无防雷措施或防雷措施不足的电视、音响等电器。不要靠近打开的门窗、金属管道。拔掉电器用具插头，关上电器和天然气开关。切忌使用电吹风、电动剃须刀等。不宜使用水龙头。

6. 切勿游泳或从事其他水上运动或活动，不宜停留在游泳池、湖泊、海滨、水田等地和小船上。因为水的导电率比较高，较地面其他物体更容易吸引雷电。另外，水陆交界处是土壤电阻与水电阻的交汇处，会形成一个电阻率变化较大的界面，闪电先导容易趋向这些地方。

7. 不宜骑马、骑自行车、驾驶摩托车和敞篷拖拉机。汽车是极好的避雷设施，因其有屏蔽作用，即使闪电击中汽车也不会伤人。

室内防雷击：

1. 不要接打电话。
2. 不要使用家用电器，以免造成不必要的损坏。
3. 不要开门开窗，不要接触金属水管等导电物品。
4. 不要用太阳能热水器洗澡。

救护知识：

如果被雷击中后衣服着火，应就地打滚或找有水的地方，避免烧伤面部；如果触电者陷入昏迷或停止呼吸，要让他躺平，解开衣扣，立刻

进行人工呼吸、胸外心脏按压等复苏抢救；如遭受雷击者被烧伤或严重休克，但仍有心跳和呼吸，则很可能会自行恢复，应该让受雷击者舒适平卧、安静休息后，再送往医院治疗。

心肺复苏步骤 / 方法：

1. 判断意识。轻拍伤病员肩膀，高声呼喊：“喂，你怎么了？”

2. 高声呼救。大喊“快来人啊，有人晕倒了，快拨打急救电话”等。

3. 将伤员翻成仰卧姿势，放在坚硬的平面上。

4. 打开气道。成人用仰头举颏法打开气道，使下颌角与耳垂连线垂直于地面。

5. 判断呼吸。一看，看胸部有无起伏；二听，听有无呼吸声；三感觉，感觉有无呼出气流拂面。

6. 对口人工呼吸。救护人员将放在伤员前额的手的拇指、食指捏紧伤员的鼻翼，吸一口气，用双唇包紧伤员口唇，缓慢持续地将气体吹入。吹气时间为 1 秒以上，吹气量为 700~1100 毫升（吹气时，病人胸部隆起即可，避免过度通气），吹气频率为 12 次 / 分（每 5 秒吹一次）。正常成人的呼吸频率为 16~20 次 / 分。

7. 胸外心脏按压

按压部位：胸部正中两乳连接水平

按压方法：

①救护员用一手中指沿伤员一侧肋弓向上滑行至两侧肋弓交界处，食指、中指并拢排列，另一手掌根紧贴食指置于伤员胸部。

②救护员双手掌根同向重叠，十指相扣，掌心翘起，手指离开胸壁，双臂伸直，上半身前倾，以髋关节为支点，垂直向下、用力、有节奏地按压 30 次。

③按压与放松的时间相等，下压深度 4~5 厘米，放松时保证胸壁完全复位，按压频率 100 次 / 分。正常人脉搏每分钟 60~100 次。

重要提示：按压与通气之比为 30∶2，做 5 个循环后可以观察一下伤员的呼吸和脉搏。

注意事项：

①操作过程中注意保持伤员气道开放。

②判断呼吸及循环时，应“1001、1002……”数数，以保证判断时间足够。

③人工呼吸时，吹气要深且慢，并观察伤员有无胸廓起伏。如胸廓无起伏，可能是气道通畅不够，吹气不足或气道阻塞，应重新开放气道或清除口腔异物。

④吹气不可过猛过大，以免气体吹入胃内引起胃胀气。

⑤判断循环时，触摸颈动脉不能用力过大，或同时触摸两侧颈动脉，并注意不要压迫气管；颈部创伤者可触摸肱动脉或股动脉。

⑥按压部位要准确、力度要均匀，注意肘关节伸直，双肩位于双手的正上方，手指不应压于胸壁上。在按压间隙的放松期，操作者手掌根部不能离开胸壁，以免移位。

四、运动，孩子生殖健康的隐形杀手

案例

在今年刚上高中的男生龙龙参加了一场学校的篮球比赛。晚上睡觉的时候，他突然觉得睾丸疼痛，于是自己吃了点止疼片，没有太在意。第二天中午，疼痛难忍的龙龙到医院就医，发现左侧睾丸已经坏死，只能做手术切除了。

关键词1：内裤选错，竟会导致睾丸坏死吗?

王倩：请出今天的专家，国家级社会体育指导员、北京市全民健身专家讲师团秘书长赵之心老师。赵老师，您在一线工作中遇到过因为内裤穿得不正确导致运动损伤的情况吗?

赵之心：太多了。大家都知道北京马拉松吧？你们知道跑完马拉松，很多人走路都不正常了吗？就是因为内裤选得不合适。大家在生活中看不见布对皮肤的摩擦有多大，但是跑42公里，好几万步，好几万次的摩擦就把皮肤擦坏了，那真是痛苦不堪啦，都叉着腿走。

王倩： 叉着腿走路，最多就是自己的皮肉之伤痛苦点，别人看着难看一点，好像还不会引起特别严重的后果。

赵之心： 一般而言，单调的运动很难出现这样的问题，但是有一些运动是很复杂的，甚至可能有一定风险，在这种特殊情况下的受伤几率是非常高的。

王倩： 假设我们不小心选错了内裤，可能造成刚才您说的叉着腿走路的那种情况，这是磨伤，那还会有其他更严重的后果吗？

赵之心： 内裤勒得过紧的时候，血液循环是有障碍的。这种情况如果没能及时缓解，就可能造成局部瘀血，甚至局部坏死。局部坏死的情况在四肢很难见到，但是我们的一些特殊脏器是很容易出现这个问题的，其中一个就是刚才提到的睾丸。睾丸是人体的重要器官，它是一个脏器，跟我们的肌肉骨骼不太一样，一旦受伤，比如受到撞击，就会出现水肿和血肿。还有就是被勒到的时候，物理变形导致的血管扭转也会造成坏死。

王倩： 如果内裤选择不当的话就会造成伤害，这对于同学们，尤其男同学们来说还是非常严重的。

赵之心： 其实这是一个急需社会关注的话题。因为过去我们的运动很单调，但是现在同学们在学校里会接触到篮球、足球、排球、乒乓球、羽毛球，甚至有的学校还有网球、体操等课程。运动复杂程度的增加意味着受伤的几率也会随之增大，所以合理选择内裤是非常关键的。

王倩： 那我想问一下各位家长，你们在给自己的孩子挑选内衣的时候，有没有考虑过这方面的问题？你们都会选择什么样的内衣呢？

家长： 纯棉的，一般会选莫代尔的，因为觉得那个比较舒服一些。

现场嘉宾： 我记得我上学的时候，有一个同学特别奇怪，每次上早操或者体育课的时候总在那儿拽自己的裤子。后来我知道了是因为她的内裤比较小，她只要一弯腰，内裤就会往上窜。所以我觉得内衣穿得不合适的话，有一些运动还是比较受限制的。后来我儿子上中学的时候我就特别注意，给他选混纺的，我觉得还是有点弹性的好。

关键词2：根据用途　慎选内裤

王倩： 我们先从内裤的款式说起。同学们说，图片中的超人和绿巨人在着装上有什么不同？

孩子 1： 超人的内裤是红色的，绿巨人的内裤是紫色的。

孩子 2： 超人的内裤是三角形的，绿巨人的内裤是平角的。

王倩：对，超人穿的是三角内裤，而绿巨人穿的是平角内裤。那究竟平角内裤和三角内裤有什么不同呢？我们的孩子在运动时穿哪一种更合适呢？市面上都有哪些种类的儿童内裤？针对孩子生产的内裤，商家又有哪些设计呢？

问题一：家长们在购买儿童内裤时，对于材质的选择有什么偏好呢？

家长：挑选内裤时首选的是面料，然后是款式，再是品牌。小男孩一般平角的居多，以舒适为主。

商场销售人员：竹纤维穿上舒服凉快，透气性特别好；天然的棉花长出来是三种颜色：棕色、白色和绿色。我们的货品没有任何染剂，这个颜色大家一看好像挺单调的，其实它是最天然、最环保的。裤腰上有松紧带的内裤穿上不会觉得勒，比较适合运动穿。

调查结论：

目前市面上儿童内裤的材质用料上以纯棉居多，迎合了家长们对透气舒适的主要诉求。而主打健康染色的彩棉、轻薄凉爽的竹纤维等也为家长提供了更多选择。

问题二：市面上的三角内裤和平角内裤有什么区别呢？

商场销售人员：平角好点吧，三角的可能会有点勒。平角的属于家居穿的，一般出去玩、运动的话都会给孩子穿这种三角的。家长都喜欢买大一些的，比如给两岁的孩子买三到四岁穿的。

调查结论：

看来儿童内裤不论是形状还是材质都有着诸多选择，一些商家还贴心地根据小男孩的身体特点设计了立体剪裁的内裤，以便于贴合孩子的身体曲线。

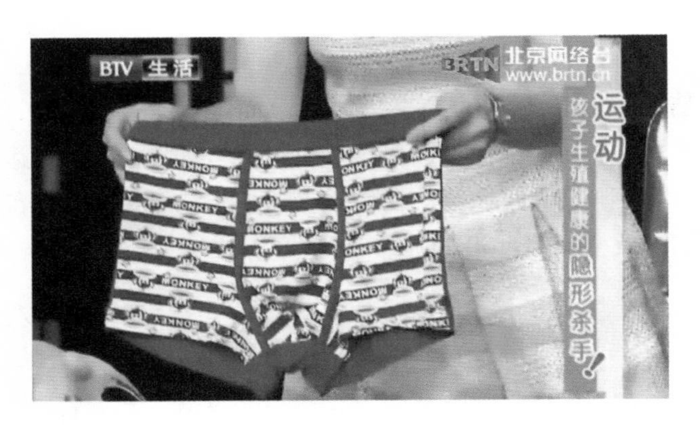

王倩：请专家讲讲，究竟应该怎样选择是比较科学合理的？

赵之心：如果是在学校上体育课或者进行的运动强度比较大，建议大家穿三角裤。第一，它勒得比较紧；第二，穿着它做动作的时候没有障碍，而穿平角裤运动的时候没有那种紧凑感，比较松垮。有的人腿比较胖，两腿之间的缝隙很小。走路的时候肉和肉的摩擦是没有关系的，如果肉之间夹了一层东西，很快就会把裆部磨破。还有就是跑长距的时候内裤要反着穿。

王倩：为什么，有人知道吗？

现场嘉宾：我觉得是因为一般的内裤缝线是缝在里边的，如果反过来的话，那些凸出来的线就不会磨到自己的身体了。

赵之心：太对了，回答得很专业。还有就是刚才我看所有家长都认为纯棉的内裤好，我不反对，但是运动的时候穿全棉内裤吸汗比较多，这样一是凉，二是它相对不透气，三是如果穿旧的话，累积的细菌会容易引起皮肤感染。现在很多运动裤是可以主动排汗的，而且穿上不凉，对细菌繁殖也有一定的抑制。所以运动的时候一定要选择弹性好、透气性强的内裤。

王倩： 针脚最好在外边的是吧？

赵之心： 最好选针脚在外边的，如果实在没有的话，运动的时候反过来穿就对了。

家长： 原来还真没有考虑过这个问题，都是平时和运动时穿一样的。

专家提醒

家长们普遍忽视了这一问题，挑选内裤时也应该多听听孩子的反馈，让孩子对新内裤的舒适度提意见。万一在孩子运动过程中发生了摩擦损伤甚至是皮肤溃烂红肿，就要意识到极有可能是内裤出了问题。

王倩： 说完了材质和款式，我们来说最后一个关键问题。这个关键问题往往容易被大家忽视，那就是松紧度的问题。孩子天性活泼好动不爱束缚，内裤的穿着究竟是松点好还是略紧点好呢？

赵之心： 应该选择有一定弹性的。内裤是紧了还是松了，最明显的标志就是腰上会不会出现勒痕。如果出现勒痕就是小了，就不要再穿了，家长要尽快换新的，同学也要告诉爸爸妈妈现在穿的内裤不舒服。

关键词3：别让运动损伤造成终生遗憾

王倩： 说完运动内裤的挑选技巧，让我们回到最开始的新闻。如果不是因为内裤穿着不当，究竟又是什么导致了悲剧的发生呢？

赵之心：人体一旦受伤，第一个表现就是红肿。红肿是血管破裂造成的，可能会导致局部组织坏死。所以身体的内脏器官包括四肢，一旦遭到撞击出现了肿大，首先就该知道是血管出了问题。这个时候不要凭着感觉认为忍忍就过去了或者吃点止疼片应付，延误治疗会造成局部组织的细胞坏死，而有些部位细胞的死亡是无法逆转的。请大家记住这几个无法逆转的器官——肺、肝、肾、睾丸都是一旦死亡就无法逆转的，只有切除了。

节目开始时的案例让我们警醒的另外一个问题就是，运动创伤一旦形成，我们千万不能掉以轻心。实际上除了在运动中，课间休息的时候出现问题的可能性也非常高。我来举个例子。有一个小男孩从一个桌子往别的桌子上跳，结果桌子突然倒下，他就撞在桌角上摔倒了。爬起来以后他还逞强说没事，之后就坐在那儿不说话，然后脸就变得刷白，紧接着大汗淋漓，一下子就晕过去了。结果到医院一看，脾摔碎了。所以告诉大家，任何冲撞，特别是对三角区、对腹部的冲撞以及对女生胸部的冲撞都绝不能掉以轻心。

这个案例告诉我们，一是受伤疼痛的时候一定要告诉家长或老师，他们会告诉你该怎么办。二是一定不能凭着自己的感觉吃止疼片。止疼片是什么呢？是药物对神经的阻隔，把疼痛暂时隐藏了，但是伤情不会因为神经的阻断而好起来，也就是说服用止疼片往往会耽误了治疗时间，这是最大的错误。三是要知道受伤后治疗的黄金时间是前三四个小时，超出这个时限就意味着坏死，如果超出 24 小时可能就无法挽回。尤其是男孩子，受伤以后千万不能逞英雄，一定要马上向周围的人求助。

安全提示

从医学的角度考虑，主动预防运动损伤与损伤后及时、正确的处理是非常重要的。那么，如何有效预防呢？须注意以下几个方面：

1. 训练方法要合理。要掌握正确的训练方法和运动技术，科学地增加运动量。

2. 准备活动要充分。在实际工作中，我们发现不少运动损伤是由于准备活动不足造成的。因此，在训练前做好准备活动十分必要。

3. 注意间隔放松。在训练中，每组练习之后为了更快地消除肌肉疲劳，防止由于局部负担过重而出现的运动伤，组与组之间的间隔放松非常重要。

4. 防止局部负担过重。训练中运动量过分集中，会造成机体局部负担过重而引起运动伤。

5. 加强易伤部位肌肉力量练习。据统计，在运动实践中，肌肉、韧带等软组织的运动伤最为多见。因此，加强易伤部位的肌肉练习，对于防止损伤的发生具有十分重要的意义。

除上述几条外，搞好医务监督、遵守训练原则、加强保护、注意选择好训练场地也是预防运动损伤的重要内容。

运动损伤后的有效处理：

1. 擦伤，即皮肤的表皮擦伤。如果擦伤部位较浅，只需涂红药水即可；如果擦伤创面较脏或有渗血时，应用生理盐水清创后再涂上红药水或紫药水。

2. 肌肉拉伤，指肌纤维撕裂而致的损伤，主要由于运动过度或热身不足造成。可根据疼痛程度判断受伤的轻重，一旦出现疼痛感应立即停止运动，并在痛点敷上冰块或冷毛巾，保持 30 分钟，以使小血管收缩，减少局部充血、水肿。切忌搓揉及热敷。

3. 挫伤，由于身体局部受到钝器打击而引起的组织损伤。轻度损伤不需特殊处理，经冷敷处理 24 小时后可用活血化瘀、消肿止痛的中成药加以理疗。

4. 扭伤，由于关节部位突然过猛扭转，造成附在关节外面的韧带撕裂所致。多发生在踝关节、膝关节、腕关节及腰部。

①急性腰扭伤。让患者仰卧在垫得较厚的木床上，腰下垫一个枕头，先冷敷后热敷。

②关节扭伤。踝关节、膝关节、腕关节扭伤时，将扭伤部位垫高，先冷敷 2~3 天后再热敷。如扭伤部位肿胀、皮肤青紫和疼痛，可参照“肌肉拉伤”的处理。

5. 脱臼，即关节脱位。一旦发生脱臼，应嘱病人保持安静、不要活动，更不可揉搓脱臼部位，妥善固定后送医院治疗。

6. 骨折。常见骨折分为两种，一种是皮肤不破，没有伤口，断骨不与外界相通，称为闭合性骨折；另一种是骨头的尖端穿过皮肤，有伤口与外界相通，称为开放性骨折。对开放性骨折，不可用手回纳，以免引起骨髓炎，应用消毒纱布对伤口做初步包扎、止血后，用木板、塑料板等将肢体骨折部位的上下两个关节固定起来。怀疑脊柱有骨折者，需早卧在门板或担架上，躯干四周用衣服、被单等垫好防止移动。不能抬伤者头部，这样会引起伤者脊髓损伤或发生截瘫。怀疑颈椎骨折时，需在头颈两侧置一枕头或扶持患者头颈部，使其不在运输途中发生晃动，再用平木板固定送医院处理。

只要掌握了以上知识，在运动中认真防护，就可以尽可能地避免运动损伤的发生，并能在损伤后得到及时、有效的治疗，减少并发症与后遗症。

五、隐藏在身边的新型毒品

据公安部统计，中国现今在册的吸毒人员已达256万。某公安局局长在采访中透露，截至2014年，中国吸毒人员或已达千万，其中不少人是我们耳熟能详的名星，比如著名歌手罗琦、满文军、李代沫，影星莫少聪、孙兴。2014年6月24日，北京市公安局禁毒总队会同朝阳分局在朝阳区工体北路一公寓内将涉嫌吸食毒品的一男子查货并起获冰毒一包、吸毒工具若干。经警方核实，该男子就是拥有730万微博粉丝的著名编剧宁财神。

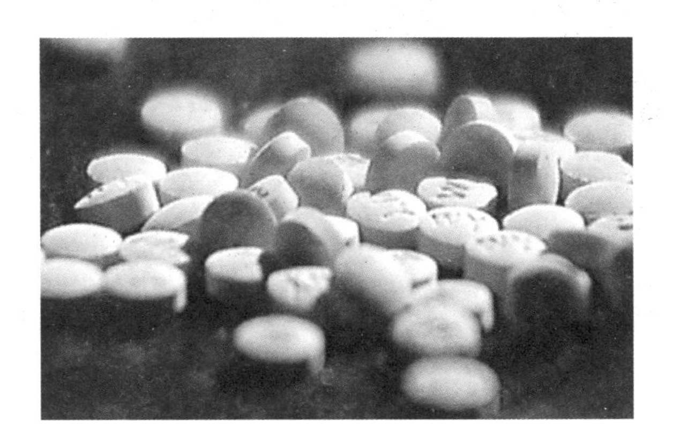

案例

2014年3月17日，歌手李代沫在京聚众吸毒被抓。
2014年6月13日，导演张元二度吸毒再被拘。
2014年6月24日，编剧宁财神在京吸食冰毒被抓。
2014年7月10日，香港演员张耀扬在京吸毒被捕。
2014年7月14日，内地演员何盛东吸食冰毒被抓。

2014年7月31日，张国立之子张默与2人吸毒被抓。

2014年8月4日，演员高虎在京吸食冰毒被抓。

2014年8月14日，台湾演员柯震东在京吸毒被警方控制。

2014年8月14日，成龙之子房祖名在京吸毒被抓。

关键词1：十五岁吸毒　六年后他来到了殡仪馆

王倩：今天我们请来了正在戒毒中的小齐，同时也请到了北京市天堂河戒毒康复所的警官金韬。小齐你好，能告诉我们当时是什么样的契机让你接触到了毒品并且开始吸食海洛因吗？

小齐：一方面是家庭原因。我父母离异了，我被判给了妈妈，妈妈常年生病，眼睛也不太好，需要别人照顾，所以就没人照顾我了。后来我就认识了一些社会上的人，慢慢就接触到这个东西。

王倩：毒瘾犯了的时候很痛苦吧？

小齐：特别痛苦，没法用语言形容，难受的时候几天几天睡不着觉，全身都疼，抓心挠肺的疼。那个时候才意识到这个东西这么可怕，后悔极了。

王倩：小齐吸食的是海洛因，金警官给我们介绍一下这种毒品吧。

金韬：海洛因是毒品之王，在新型毒品出现之前，大量流行的都是海洛因。海洛因的外观是白色粉末，远看像奶粉，实际上它是吗啡和醋酸酐的合成物。它最大的特点就是毒性大、成瘾快而且极难戒断，正常人两到三次就会上瘾。吸食海洛因主要的危害有三个：一是如果注射吸食，共用注射器会传染、传播艾滋病；二是它会破坏人的免疫功能，吸食海洛因的人员有一个共同点，就是主要脏器器官如心、肝、肾都受到了损伤；三是它除了侵害身体，还破坏家庭，因为吸食海洛因需要大量资金。我们接触的案例有妻离子散、卖车卖房的，都是为了筹集毒资。

关键词2：记者卧底三里屯　直击北京洋毒贩

2014 年 5 月 22 日至 25 日，《京华时报》记者跟随北京市公安局禁毒总队侦查大队的侦查员们进行侦查和抓捕行动。4 天里，除记者协助警方抓捕两名携毒人员外，一名被抓“瘾君子”也帮助警方抓获了 4 名外籍毒贩。此次行动共抓获外籍毒贩 5 名，携毒人员 3 名，吸毒人员 9 名。

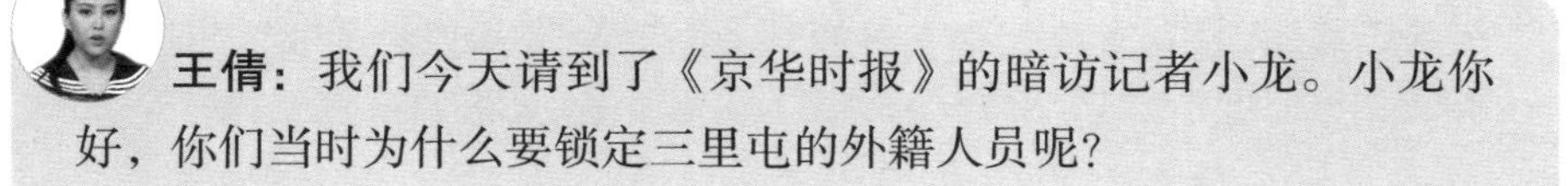

王倩：我们今天请到了《京华时报》的暗访记者小龙。小龙你好，你们当时为什么要锁定三里屯的外籍人员呢？

小龙：有一个线索人说他有一个朋友以前吸过毒，毒品就是从三里屯附近这些外籍人员手里买的，于是我就以一个毒品购买者的身份去跟他们交流。

王倩：我问一下小龙，最惊心动魄的是哪一回？

小龙：根据线索人提供的线索，有一部分外籍人员是在三里屯的一个广场上活动。那天晚上我就过去了，看有没有人在那儿徘徊。后来就看见那么一位，他也盯着我看，后来他就走过来了，我就跟他随便聊。聊了半天他就问我说，你想要什么呀？我当时特别高兴，我就说我想要冰毒。然后他就带着我往广场边的一个小胡同里走，走了一段他站住了，扭过头来问我想要多少克。最后我没买，我说我朋友过几天来，能不能给我你的电话号码。那个外籍男子就说不行，然后就跑了。

王倩：当时他向你兜售的都有什么毒品？

小龙：我跟他谈的时候说是要冰毒，后来随警作战的时候发现他们卖的毒品除了冰毒还有海洛因、麻古、大麻叶和大麻膏。

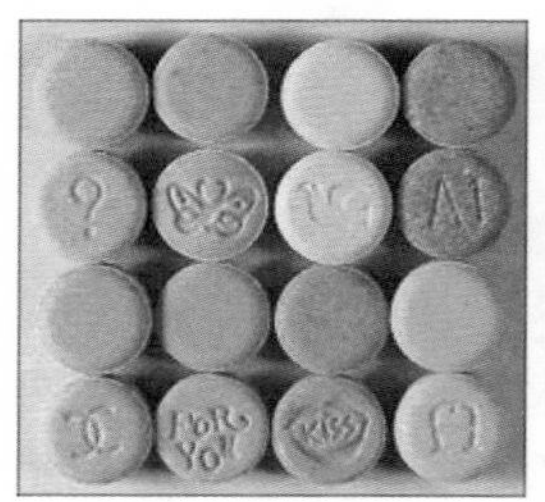

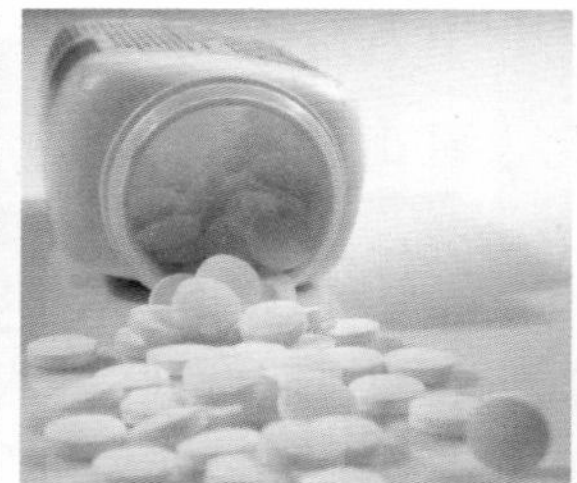

王倩：毒品的花样品种很多，有冰毒、摇头丸、海洛因，还有K粉。它们的危害是什么？

金韬：危害是直接作用于人的中枢神经。就是吸食了新型毒品以后，最初阶段会出现记忆力减退，紧接着就会出现妄想，是一种被害妄想和关系妄想，比如幻听、幻觉，总怀疑有人要伤害他，所以他就要自卫，要么自伤自残，要么就是伤害他人。我们接触的有吸食新型毒品以后跳楼的，有用刀砍伤自己亲人的。还有一个案例是我今年碰到的，也是一种关系妄想，怀疑自己的女朋友出轨。当时他的姐姐、母亲和女朋友都在劝他，他突然发作，用刀挟持了母

亲，老太太已经八十多岁了。当我见到这个人的时候，他跟我描述说昨天晚上他在窗外看到有一个男人进到屋里跟他女朋友干什么什么的，实际上这明显是由于精神问题产生的幻觉。食用新型毒品最终的结果是导致苯丙胺类精神分裂。

王倩：下面请上一位特殊的嘉宾。孟先生是一名成功的戒毒人员，现在从事戒毒宣传教育工作。

孟进生：我从 2007 年开始引导一些想戒毒的年轻人，带动他们去戒毒。最近我挺纠结的，因为找我戒毒的孩子们越来越多了，年龄也越来越小了。

王倩：您接触过的最小的吸食毒品的孩子有多大？

孟进生：有一次我在云南一家戒毒所讲课，一个小孩搬个小马扎在那儿听课。我以为是哪个干部的孩子，结果讲完了，他搬着小马扎跟着往里走。我当时很惊讶，问警官们这孩子是怎么回事。原来这孩子来自一个吸毒的家族，爷爷奶奶、外婆外公、父母没有不吸毒的。云南有很多这样的情况，有的整个村子全部都是吸毒人员。那个孩子的父母被劳教了，奶奶去世了，爷爷还在使用毒品。爷爷不知道这孩子是什么时候有了瘾，知道以后就强制他戒毒。这孩子有一次毒瘾发作，从背后砸了爷爷一棍子，抢了他爷爷的毒品。这是我见过的最小的吸毒的孩子。

王倩：您觉得一个孩子接触毒品之后，他跟正常的孩子有什么不一样？

孟进生：有时候精神恍惚，瞳孔比较大，眼睛无光，再就是眼圈比较青。

关键词3：糖豆、奶茶、浴盐，这些都可能是毒品

王倩：我听说现在有一些毒品跟咱们平时吃的零食非常像，具有非常强的隐蔽性。

金韬：是的，这些属于新型毒品，是犯罪分子为了逃避打击并且吸引青少年把包装改了。比如说奶茶粉吧，犯罪分子为了吸引年轻人，会把毒品，比如冰毒跟 K 粉混合以后制成这种类似于奶茶的物质，放在水里饮用 。家长、老师给大家的奶茶或者正规超市买的是没有问题的，但是去一些不正规的娱乐场所，陌生人给的类似于奶茶、跳跳糖之类的食物不要去碰，有可能是伪装的毒品。

还有一些毒品长得和糖豆一模一样。对于这些类似糖果、奶茶等好吃好喝的毒品，孩子们的警惕性几乎为零。所以家长们必须认清这些新型毒品，并让孩子知道，一旦误食，后悔终身！

①奶茶粉：与真的奶茶粉一模一样，味道几乎没有差别。

②糖豆、跳跳糖：最容易被忽视、误食，它的真身是毒品。

③阿拉伯茶：很像茶，其实是毒品，鲜的像苋菜，干的像茶叶。

④神仙水：常被隐藏在蛇胆川贝液中，无色无味，刺激神经，十分钟就可致人昏迷。

⑤浴盐：美国迈阿密啃脸案的罪魁祸首。

犯罪分子诱骗人吸毒时，经常会有以下 5 种说辞：

①吸一两次毒品不会上瘾。

②给你免费尝试。

③吸毒治病。

④吸毒可以炫富，有钱人都吸毒。

⑤吸毒可以减肥。

王倩：关于毒品，可能有一些小朋友甚至一部分家长认为和我们的生活离得很远。今天我们了解了毒品就在我们身边，而且会有被动吸毒的可能性。

六、小心！夺命的电梯

近来，电梯事故在全国各地不断上演，其中受伤害的大部分是儿童。有的孩子落下了终身残疾，甚至付出了稚嫩的生命。究其原因，除了电梯质量问题，儿童乘坐电梯时行为不当也是事故频发的主因。电梯究竟是如何伤人的？电梯的哪些部位容易伤人？你在乘梯时是否也有不良习惯？如何乘坐电梯才更安全？一旦发生电梯事故，应该如何应对？父母又该如何对孩子进行相关的安全教育？

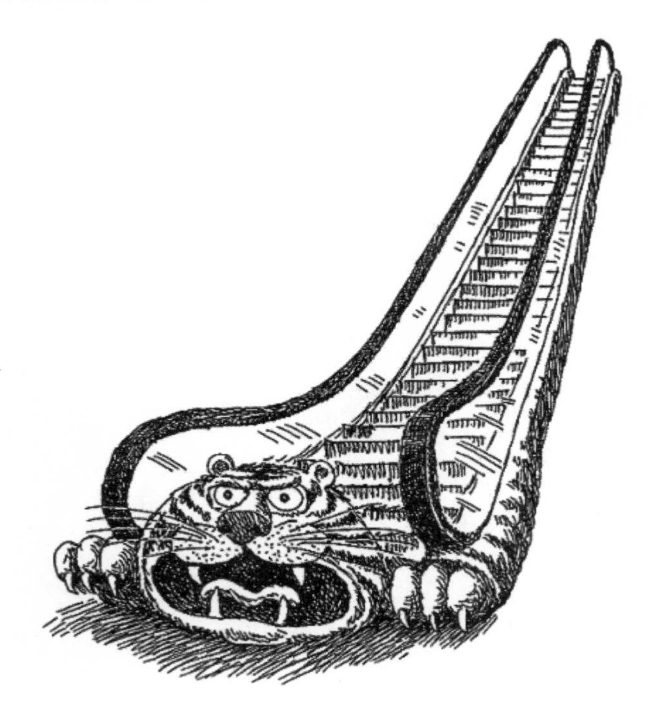

案例

一名一岁半的女孩跟着妈妈乘坐商场手扶梯的时候，左脚不慎被卷入电梯的缝隙当中。女孩的母亲一度想叫停电梯但没有成功，最终女孩的脚被生生地夹断。

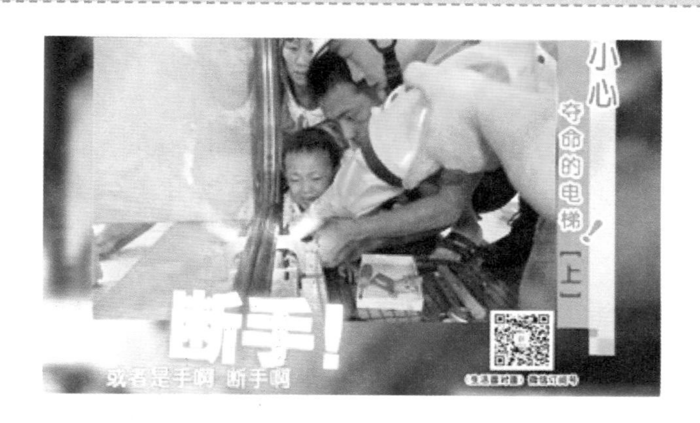

王倩：电梯已经成为我们生活当中的必需品，那么究竟如此狭小的缝隙是怎么卷进孩子的四肢的呢？怎么做才能避免此类险情发生呢？

清华大学公共安全研究院的陈建国副教授

北京市东城区公安消防支队、龙潭湖中队副队长刘畅

关键词1：扶梯竟会夹断孩子的脚

王倩：刘警官，您在一线工作当中经常遇到此类案例吗？

刘畅：我们在实际出警中确实处置过不少类似的案件，因为现在消防人员的工作除了灭火，还引入了社会救助以及一些应急救援的职能。我们在出警时就经常会碰到这种扶梯事故，其中孩子占多数，因为小朋友好奇心较强而且比较多动。轻的可能是跌倒或者挫伤之类，严重的就是断脚或者断手，更有甚者身家性命都搭进去了。

2011年7月18日中午12点半，一位年轻的母亲带着4岁的儿子到朝阳大悦城地下一层吃饭。乘扶梯快到地面时，梯级开始变平坦，母亲突然发现孩子右脚的鞋子被卡住，紧接着鞋子裂成两半，前半段被卷入扶梯，所幸孩子没有受伤。大悦城物业负责电梯的员工称，扶梯本身并无问题，可能是孩子站在了扶梯安全黄线外，鞋才被卷进扶梯缝隙。

王倩：手扶梯那么小的缝隙真能把孩子的脚夹伤吗？怎么夹的？

刘畅：我们在出警时见过一个小朋友穿着那种软质的凉拖鞋，他的鞋带被卷到扶梯里去了。还好这个扶梯的安全措施比较到位，他被夹进去的第一时间扶梯就停住了。但是我们到场以后看到，他的前脚掌部分已经粉碎性骨折了。

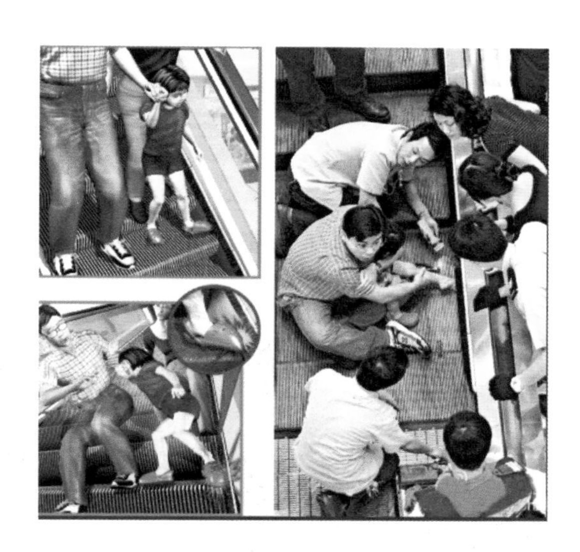

王倩：发生事故的时候，手扶梯通常是不能马上停下来的，这就让夹伤的后果更加难以控制。手扶梯事故通常会发生在哪些地方呢？

刘畅：扶梯容易夹脚的部位是在每个零部件机械的交汇处，比如上行扶梯，手扶带和裙板的梯角部位就是一个危险点。再有梯级的角落和它的裙板之间这个角、梯级与梯级之间、到达顶端以后和底下相应的这个角落都是常见的一些危险地带。这些部位一般人不太会接触到，但是有些小朋友由于好奇可能会去触碰。

王倩： 陈教授，刚才刘警官为我们分析了手扶梯的几大危险区，实际上这跟孩子们的活动以及他们的穿着都是有关系的对吧？

陈建国： 对，被扶梯夹脚很多时候是由于我们的衣物、鞋带或者鞋子的其他部位直接卷入到电梯里引发的。

王倩： 现在我手里拿了一双洞洞鞋道具。洞洞鞋又叫花园鞋，是非常受欢迎的，我自己也非常喜欢。但是我这里有一组数据：2008 年，《美国整形外科杂志》发表了一篇研究，指出在过去的两年里，美国 76% 的手扶梯事故与洞洞鞋有关。而在中国，每年因为穿洞洞鞋引发的手扶梯事故高达 200 多起，其中发生严重伤害的有 90 多起。那么洞洞鞋为什么经常会被卷进手扶梯里呢？

陈建国： 洞洞鞋容易被夹进扶梯跟它的材质和造型有关。它的表面比较柔软，容易变形，也就容易被夹进去。它的表面材质的摩擦力相对比较大，而且鞋底是防滑的，一旦被夹进扶梯就很难抽拔出来，这是洞洞鞋容易被夹进去的主要原因。另外洞洞鞋鞋底的材料是泡棉，在前进过程中容易前移，鞋头又比较宽大，这两种因素使人容易产生对距离的误判。走到扶梯靠近裙板这个位置的时候，也就是靠近危险区域的时候，小朋友们可能很难判断这个危险区域和脚之间的距离，因此容易造成洞洞鞋被手扶梯夹住。

刘畅：没错，被夹脚的这些案例中，洞洞鞋占了很大比例，还有就是软质的凉拖鞋。

王倩：关于这方面的实验我们也有一个小片，来看一下。

实验：

夏天到了，穿洞洞鞋乘坐电梯的人随处可见，而洞洞鞋和电梯事故之间究竟有什么关联？我们又该怎样避免惨剧的再次发生？

《生活面对面》的记者来到北京市特种设备检测中心，这里有多部与日常所见手扶梯相同的模型，可以在安全环境下进行各种手扶梯模拟测试，下面就请专家为我们揭开洞洞鞋的谜团。

实验显示，将洞洞鞋放在扶梯阶梯的边缘。用一根木棍顶住洞洞鞋，紧贴扶梯的裙板。扶梯开启后，不到5秒，洞洞鞋就被扶梯的缝隙夹了进去。这是为什么呢？

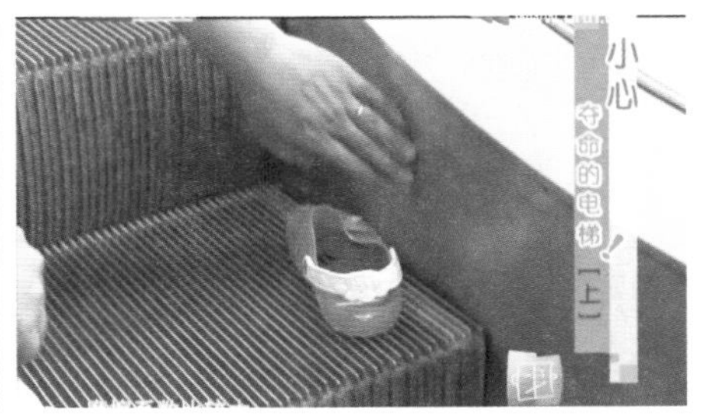

洞洞鞋的材质过软而黏着性强，容易变形，一遇外力会跟随作用力移动。孩子体重轻，站立不稳，反应速度较慢，当电梯侧壁与洞洞鞋发生摩擦时，极易将孩子顺势带倒，因此孩子穿着洞洞鞋时容易被电梯的缝隙夹住。乘坐自动扶梯时，鞋和脚趾千万不要碰到扶梯侧面的裙板。

为了确保安全，乘坐自动扶梯时，鞋、脚趾、脚后跟也千万不要踩到或碰到梯级前后端那两条黄线。儿童应该在大人的陪同下乘坐扶梯，在穿着洞洞鞋或其他软质薄底鞋子时更要特别当心，不要让惨剧发生。

王倩： 刚才我们说了洞洞鞋。其实除了鞋子存在着安全隐患，还有一些衣服也有可能引发安全事故。

关键词2：穿这些衣服乘坐扶梯有危险

案例

2014年2月19日上午，一名3岁男童在电梯上玩耍，衣服被电梯底部卡槽吸住。当时孩子穿着的宝宝罩衫比较宽松，罩衫袖口和后背的衣服被电梯死死夹住，勒住了脖子。孩子大声呼喊，其父赶来后向周围店家借了剪刀将卡住的衣服剪断，之后立即将小孩送往医院，但最终抢救无效死亡。

王倩： 请陈教授帮我们解答一下，穿着什么样的衣服在乘手扶电梯时容易发生事故？

陈建国： 从材质来讲，化纤的摩擦力比较大、比较涩，棉质的摩擦力也比较大，雪纺相对光滑一点，当手扶梯发生相对运动的时候，摩擦力大的东西更容易被卷进去；从衣服的样式来讲，较长的裙子容易在乘坐手扶梯的时候出现危险；从衣服上的饰物来讲，带状的挂饰是存在着安全隐患的，更容易被卷进手扶梯。还有就是化纤材料比较容易起静电，有可能会被吸附到手扶梯表面，产生被卷入的可能性。

刘畅： 我们在救援现场见到过一个女生穿着长裙倒在手扶梯附近，当我们赶到现场时，她已经被勒得奄奄一息了。一开始是这个女孩的裙角被绞到机械里，衣服一点一点被撕裂，最后撕到脖子这儿，但是在脖子这个位置没有再撕裂开。我们到场的时候，她的脖子已经被勒到机械附近了，气都喘不过来，当时特别危险。也没有人做一个应急的处理，就是找个剪刀之类的利器把领口剪开，大伙儿当时都已经惊慌失措了。

王倩： 当发生事故的时候，是不是主动让扶梯停下来比较明智？

刘畅： 没错，因为电梯如果继续运转的话，是会对人造成持续伤害的。一般情况下，商场和地铁会有一些应急的措施，但是如果指望它第一时间处置的话，可能会耽误救援的时间，所以最好的办法还是第一时间自救。大家乘手扶梯的时候有没有看到过紧急停止的按钮？由于安装电梯的公司不同，它的位置也不太相同，但是大都是在不容易触碰到但又明显能让大家发现的位置，高度大概是在咱们的膝盖以下。

嘉宾1： 我想问一下专家，人的手或脚被夹在手扶梯里以后，它有没有自动保护设置，能不能自己停下来，还是像绞肉机似的一直转？

刘畅： 手扶梯在验收的时候，安全项目是作为其中一项的。它至少有十几种安全措施，从防止碾压到应急照明都有。但是由于电梯的生产厂商不一样，而且日常的保养维护不同，所以它的这个功能有可能不是特别可靠。

嘉宾2： 如果发生这种情况，是不是应该第一时间大喊出事了，工作人员就能赶紧按下紧急停止的按钮把手扶梯停下来？

刘畅： 您说得没错，因为如果后面的人没有发现，继续往这个电梯走的话就会造成拥挤，可能会有踩踏现象发生。可以大声喊叫，求助别人帮忙按下紧急停止的按钮。

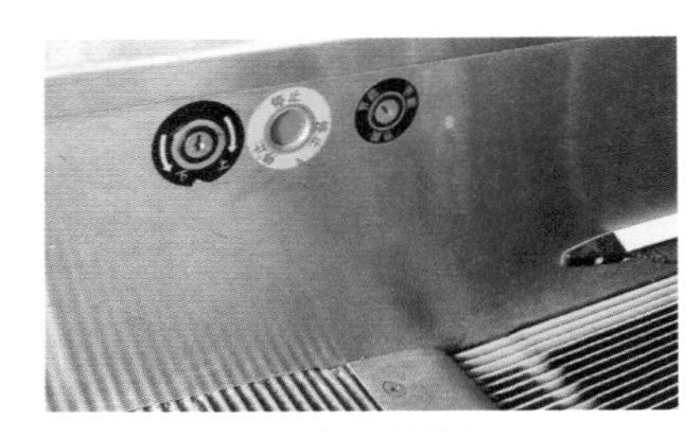

紧急停止的按钮

关键词3：小心，手扶梯也有危险三角区

案例

一个5岁的小女孩在乘坐扶梯的时候，因为好奇扶梯的传输带究竟去哪里了，于是伸手触摸传输带的终端。意外就在此时发生了，小女孩的手掌被卷入了传送带的卡槽当中死死卡住，最终在消防人员以及现场群众的共同努力下被成功解救。

王倩：通过之前的案例，我们发现扶梯事故中有一些经常发生危险的区域，被称为危险三角区。那么它们究竟藏在哪里呢？扶梯真的有危险三角区吗？

刘畅：危险三角区确实存在。在我们的救援现场，可以说百分之百的事故现场都在几个危险的三角区地带。

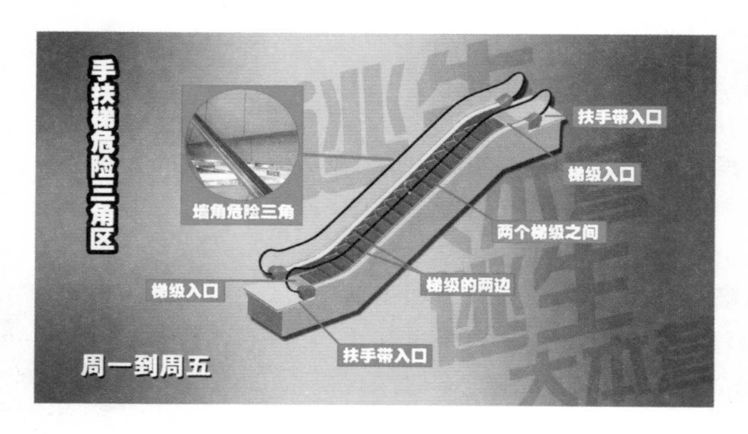

王倩：一旦在危险三角区出现问题，很可能会导致什么样的后果？

刘畅：根据以往现场的经历来看，有可能造成肢体上的伤残，比如手部被削掉一节，最极端的一种可能就是人会身首异处。

案例

2012年1月29日，一名9岁男孩独自乘坐北京西单新一代商场自动扶梯时将头伸出电梯外，被夹在五、六层扶梯夹角中，当场死亡。

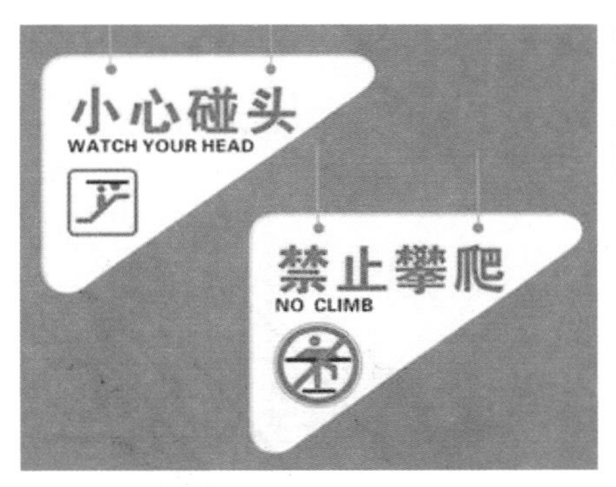

关键词4：手扶梯千万不能这样乘坐

王倩： 很多成年人可能会觉得我们今天聊的这些内容是针对孩子们的。但是据调查，相当大比例的成年人乘坐手扶梯的方式存在着安全隐患。不扶扶手和没有靠右边站立是大家乘手扶梯时最容易犯的错误。

陈建国： 手扶梯之所以叫手扶，就是说大家在乘坐的时候还是应该尽量用手去扶住这个扶手。这样一旦发生电梯逆行，人的本能反应会用力抱住或者按住扶手，降低了随着电梯掉落的危险性。一般情况下，在西方国家，靠右站立首先是一种礼仪，把左侧的通道让出来，让有需要的人迅速通过。还有一个原因，就是大多数人的右手的力量比左手大，

一旦发生危险，用右手去扶住扶手会比用左手扶的效果更好一些。还有就是在乘坐扶梯的时候，一旦行李箱发生滑落也会撞到人。因此建议坐扶梯的时候不要携带过重或者过于庞大的行李箱，携带行李箱的时候最好还是坐直梯。

王倩：是的，乘坐手扶梯的时候不要拿行李箱，拿了行李箱就一定要乘坐直梯，这样比较安全。

案例

2011 年的时候在动物园地铁站发生过一次电梯倒行事故，倒行之后乘客因为重心的偏移直接向电梯下倒去，然后就发生了踩踏、摔伤，造成 1 人死亡、3 人重伤、27 人轻伤。

王倩：来看一下图片，这些都是乘坐手扶电梯的安全标识。

刘畅： 第一幅是小孩乘坐电梯要有大人陪同；第二幅是不要在手扶梯上玩耍、骑上手扶梯；第三幅是穿长裙须谨慎；第四幅大家看形状就知道是婴儿车。我们在出警过程当中碰到过这种情况，婴儿车卡到电梯的裙板附近，然后电梯一直运行，把下面的人一个一个往上运送，到婴儿车这个位置就发生了拥挤，造成了人员伤亡。所以说婴儿车和购物车是不能上手扶电梯的，应该乘坐垂直升降梯或者无障碍电梯。

小贴士

靠右站立、紧握扶手才是正确的乘梯姿势。在手扶梯上打闹嬉戏、携带大件行李、将头手伸出扶梯外的行为都存在安全隐患。

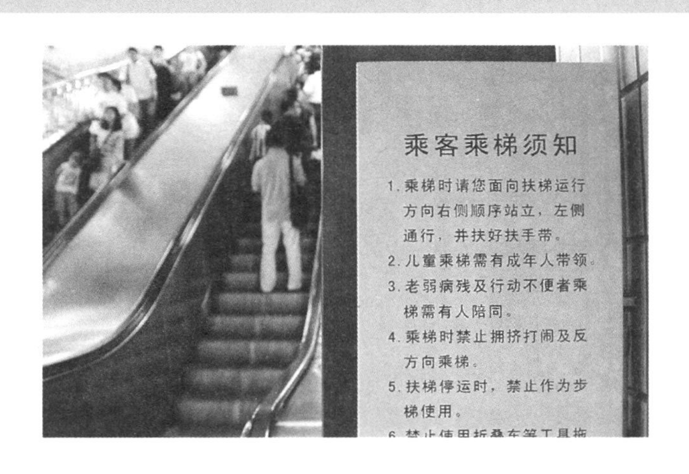

关键词5：小心直梯致命的感应盲区

王倩： 说了这么多乘坐手扶电梯的安全事项，现在让我们把目光聚焦到另外一种生活中常见的电梯上，那就是直梯。

案例

2013年5月15日，深圳市罗湖区笋岗东路长虹大厦内的电梯出现故障，在二、三楼之间忽然停止并打开电梯门。一名鹏程医院的女实习护士正低头玩手机，此时打算走出去，不料电梯门又猛然关闭，实习护士的头部被夹在门缝里。电梯最终坠落到地下一层，实习护士当场身亡。

王倩：我们很多人为了赶时间，当电梯门快关上的时候会跑过去，把手或是腿先伸到电梯的夹缝中，其实这样的行为是非常危险的。

陈建国：直梯的门关上的时候，假如有异物在门缝之间，它有两种感应方式。第一种是通过光电。光电对射的时候，假如中间有障碍物，门就不会关上；第二种就是靠门关上的时候感应到有异物的应力。这两种方式只要有一种被感应到，门就不会被关上。但是电梯的传感器是有感应盲区的，有可能误认为中间没有东西而关门，由此导致人的肢体或者物体被夹住。

目前市面上的电梯关门感应系统分触板式和光幕式两种。触板式电梯只有在触板感应到物体时才会弹开，而电梯触板感应装置下方都会有5~10cm的盲区。也就是说在这个位置上电梯感应不到异物，所以当孩子用脚阻拦电梯门关闭时，有可能被夹住。

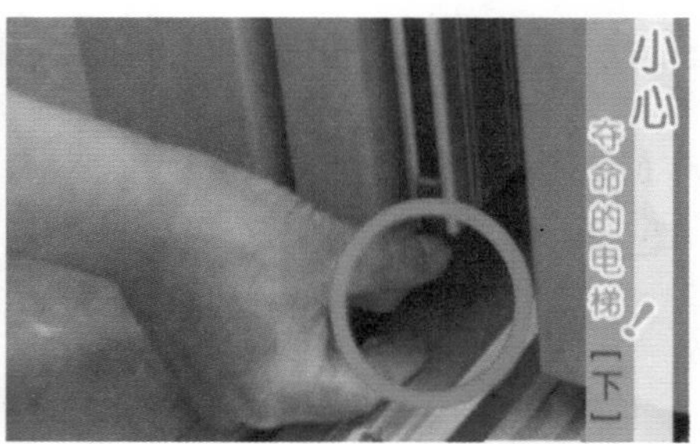

光幕式电梯使用红外线扫描原理，虽然在下方没有盲区，但由于红外线发射器之间有一定的距离，所以感应不到细小的物体，在孩子用手指强行扒门的过程中极易夹住手指。而许多老旧电梯的红外线发射器年久失修，会出现感应失灵的情况，所以孩子用手扒门也非常危险。

刘畅：不要以为用手挡门就会弹开，实际上这样很危险。咱们平常在等电梯的时候，外边那个门都是闭合的，但是留下一次有一个小缝隙，当时有个中学生因为好奇把手伸了进去，结果关节部位被卡住了拔不出来。大家赶紧通知物业断掉了电，如果这时候电梯上来的话，这个学生就会终身伤残了。还有一种情况就是手扶在电梯门上等着电梯来，电梯到了门一打开，手被挤到了门框和电梯推拉门之间造成了伤害。所以大家一定要小心，危险其实是无处不在的。

安全提示

乘坐扶梯“十不要”

1. 不要在乘扶梯时玩手机和平板电脑。

2. 不要让孩子单独乘扶梯。自动扶梯有时可能发生断裂或倒转，缺齿的自动扶梯容易卡住小孩的手。孩子乘扶梯要有家长看护，家长最好让孩子站在自己的身体前方。

3. 不要踩在黄色安全警示线以及两个梯级相连的部位，更不要在扶梯上走或跑，以免摔倒或跌落扶梯发生危险。

4. 不要将鞋及衣物触及扶梯挡板。扶梯进口处靠近地面的地方有一个红色紧急制动按钮，万一发生手被卡住等情况，可以按下按钮，扶梯就会停住。

5. 不要在扶梯进出口处逗留，不要让儿童在扶梯上来回跑动，不要用脚踢扶梯带板，以免发生危险。

6. 不要将头部、四肢伸出扶手装置以外，以免受到障碍物、天花板以及相邻的自动扶梯的撞击。

7. 不要蹲坐在梯级踏板上，随身携带的手提袋等不要放在梯级的踏板或扶手带上，以防滚落伤人。

8. 不要携带过大的行李箱、轮椅、婴儿车、手推车或其他大件物品，携带时应使用升降式的无障碍电梯。

9. 不要将手放入梯级与围裙板的间隙内。

10. 不要逆行、攀爬、玩耍或倚靠，前后最好保留一个空位。孩子不能背对扶梯，也不能坐在梯级上，更不能在扶梯上逆向奔跑、玩耍。年龄较小的孩子第一次乘扶梯前，家长要教会孩子第一步如何踏上扶梯。如果孩子不能契合扶梯的速度，还是由家长抱着比较好。人多走楼梯更安全。

七、夏天孩子身边的“吸血鬼”

被蜱虫咬一口就可能致命，这是真的吗？小虫子竟会导致皮肤溃烂，究竟是什么原因？本期《生活面对面》，主持人王倩与北京有害生物防治专家周泰共同为您揭秘—— 孩子身边的“吸血鬼”。

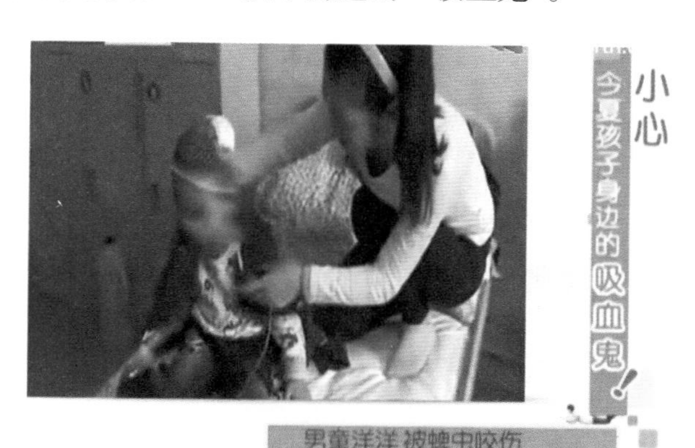

王倩：今天我们的题目跟小虫子有关。我先给大家讲一个案例。

案例

“还以为是被蜜蜂蜇了，没想到竟然是蜱虫。”2014 年 8 月，19 岁的女孩小华爬完山回家后，先是发现右肩上出现了一个红疹子，以为是被蜜蜂蜇了就抹了点风油精。没想到红疹子越来越大，还肿了。“肿得跟拳头一样大，当中还有黑点。”小华的家人赶紧带她到医院，一量体温，高烧 39.5℃。经检查，小华体内的血小板减少，肝脏、心脏、胰腺等脏器都不同程度受到了损害，后被诊断为感染了新型布尼亚病毒引起的发热伴血小板减少综合征。

其实这种小虫子的学名叫做蜱虫，也就是我们平常所说的草爬子。

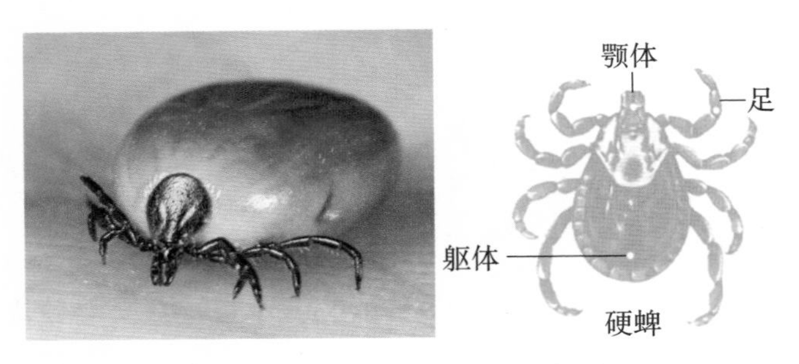

The Deer tick (*ixodes scapularis*)
蜱（草爬子）

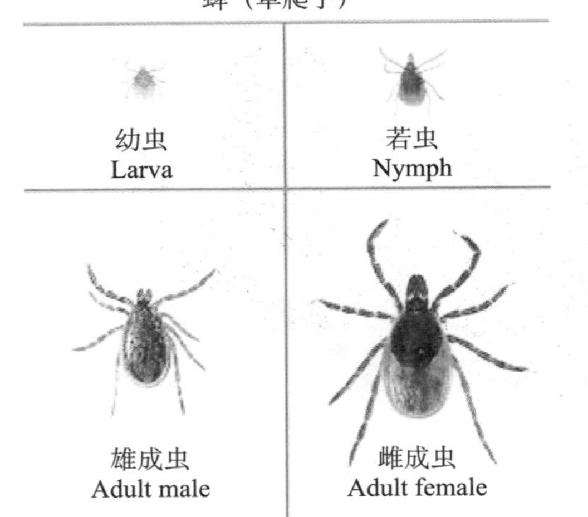

蜱虫的知识：

蜱俗称壁虱、扁虱、草爬子、狗豆子等，是寄生在家畜、鼠类等体表的虫子。它呈红褐色或灰褐色，长卵圆形，背腹扁平，从芝麻粒大到米粒大。

全世界已知蜱类 800 余种，我国已发现 110 余种。中原地区常见的有长角血蜱、血红扇头蜱、微小牛蜱等。

蜱虫的一生包括卵、幼虫、若虫和成虫 4 个阶段，其中成蜱、若蜱有 8 条腿，而幼蜱只有 6 条腿。春秋季是蜱的活动高峰，夏天较活跃，冬天基本不活动。

蜱虫一般寄生在动物的皮肤较薄、不易被搔动的部位，游离动物体后附着在草上，可叮人、吸血。雌虫吸饱血膨胀后如同蓖麻籽。

关键词1：北京公园内惊现咬人的蜱虫

王倩：2013 年，河南省、湖北省、山东省、安徽省、江苏省等地的报告中，蜱虫病病例共有 745 例，而被蜱虫叮咬之后死亡的人数高达 68 人，死亡率接近 10%。请周老师先说说，蜱虫经常出没在什么地方？

周泰：蜱虫一般出没在郊区的山林灌木丛中和阴凉潮湿的地方，市内一些偏远的公园或者无人护理的绿化带也可能会有蜱虫。另外如果宠物狗在小区绿化带里的草地上打滚时被蜱虫感染了，蜱虫就会吸附在宠物身上被带回家。所以家里养狗的同学一定要经常对宠物狗进行清洗和检查，看有没有虫子在小狗身上。

王倩：怎么能发现虫子已经寄生了呢？蚊子叮咬的包和蜱虫叮咬的包有什么不一样？

周泰：被蜱虫咬过后肯定会有小红点。如果蜱虫的头在宠物的皮毛里，吸血后尾巴后边就会变得很大。蚊子咬的包是一个疙瘩，蜱虫咬的包会发生红肿，流血的地方可能会感染皮疹。

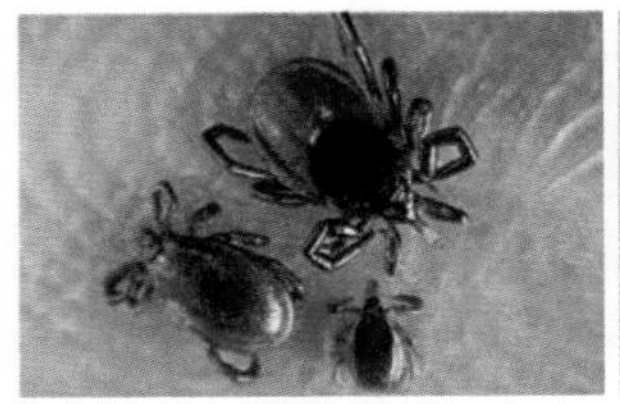
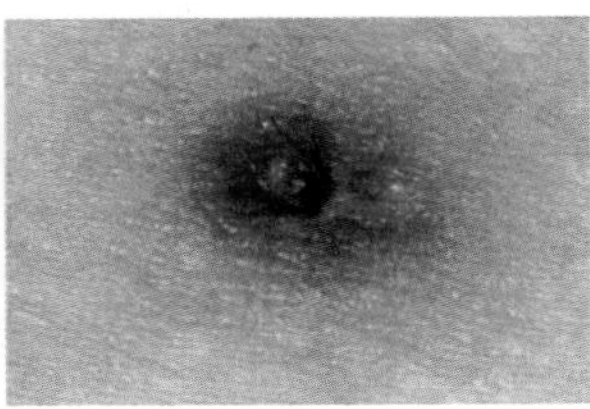
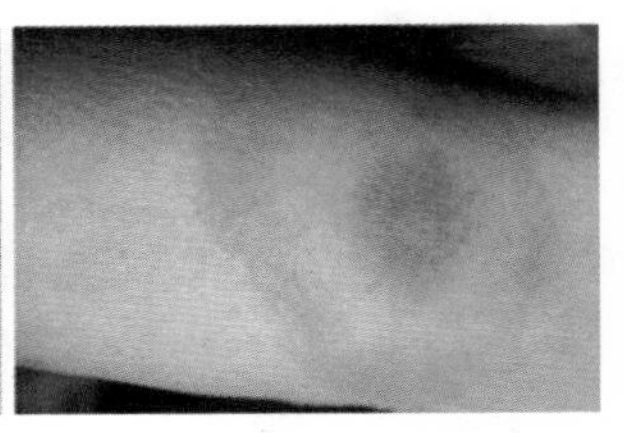

王倩： 刚才说到了蜱虫是头在皮肤里身体在皮肤外，那一旦被咬了该怎么处理呢？

周泰： 如果被蜱虫叮咬，千万不能拽，因为蜱虫的口器是倒刺形的，也就是说拽的时候，它的口器有可能会断在皮肤里，容易感染更多毒素。拍出来也不行，因为拍击的时候，蜱虫受到刺激会分泌更多的毒素。正确的方法是用酒精或肥皂水清洗，之后及时去医院检查。

王倩： 蜱虫虽小，危害却是不容忽视，因为医学研究发现蜱虫已经成为了一系列病菌的传播媒介，比如被蜱虫叮咬后可能引起过敏、溃疡或发炎等症状，更为严重的是蜱虫可传播多种疾病。

周泰： 对，被蜱虫咬后可能会有猫抓热的现象，就是可能会头晕、呼吸紧张、皮肤红肿，严重的话有可能会造成脑膜炎。

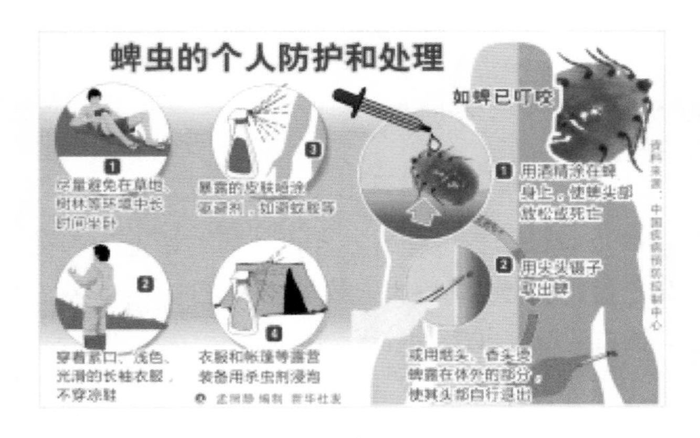

关键词2：小小飞蚂蚁竟会导致孩子皮肤溃烂

案例

一个小男孩突然右眼肿了，而且红红的好像是被硬物划伤了一样，下眼皮还有许多白色的针状小点。

一个刚刚参加完高考的学生的脸莫名其妙就疼起来，整张脸都肿了，尤其是眼睛水肿得特别厉害，整个脸部还有不少条索状的脓包。经过医生检查，这两位患者都是得了隐翅虫皮炎。

王倩：大家对隐翅虫可能有点陌生。周老师，什么是隐翅虫？

周泰：隐翅虫是比较好辨认的，它的头部、胸部和腹部是黑色橘色相间的，大概有 3 毫米长，外形很像蚂蚁。因为有一对隐形的小翅膀，所以我们通常叫它飞蚂蚁。隐翅虫身上携带了一种酸性的毒素，隐翅虫皮炎就是这种毒素感染了人的皮肤造成的，是夏季常见疾病。

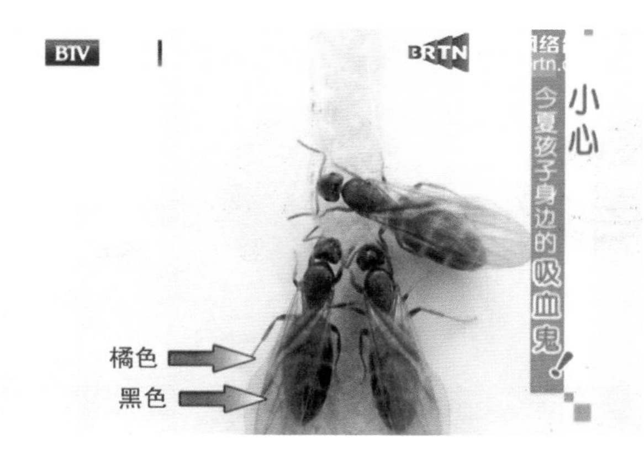

王倩：被飞蚂蚁咬了会怎么样呢？如果飞蚂蚁突然落在胳膊上，我们应该怎么样处理呢？

周泰：其实这里有一个误区。飞蚂蚁本身是不会咬人的，它的酸性毒素是在自己体内的。比如说我们手上趴着一只飞蚂蚁，我们用手把它拍死了，它的体液留在了我们手上，我们手上的皮肤就感染了毒素。正确方法是吹一口气把它吹掉，然后踩死，如果不踩死有可能会伤害到别人。

蚊子　　蜈蚣　　螨虫　　臭虫

关键词3：自制防蚊包　简单又有效

王倩：专家老师细数害虫后，大家都紧张了起来。那么究竟有什么方法，可以避免这些害虫靠近我们的孩子？常用的蚊香、花露水等驱蚊方法是否真的有效？下面这些都是家中常用的驱虫方法，一起来看一下。

各式蚊香

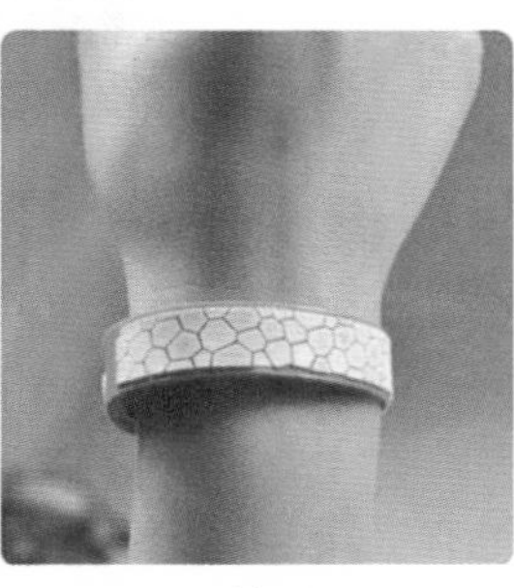

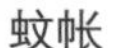

蚊帐　　驱蚊手环　　花露水

王倩： 问一下周老师，现在市场上林林总总的驱蚊产品很多，您的意见是什么呢？

常见的驱蚊贴和驱蚊手环不要给两岁以下的婴幼儿使用，因为驱蚊贴、驱蚊手环释放的避蚊胺对呼吸道还是有刺激性的，所以两岁以下的儿童一定要减少使用。还有就是大家常用的蚊香和电蚊香液，如果看到商品包装上写着“农药登记证号”多少多少，说明它里边是含有农药成分的。如果我们用了电蚊香液，那么每天早上起床之后可能就会产生一个现象，就是嗓子里有痰、有黏液。因为电蚊香液产生的气体会刺激呼吸道、刺激鼻腔，而鼻腔和呼吸道有自我保护的功能，就是分泌黏液。如果长时间使用电蚊香液和蚊香，很有可能会对我们的呼吸道产生刺激，严重的话可能会刺激到脑神经。所以说电蚊香液和蚊香可以使用，但一定要在没有人的情况下使用，也就是说在睡觉前点上，睡觉的时候开窗通风，然后关上门睡觉。

王倩： 明白了，就是不能熏蚊子的同时把咱们自己也给熏了。那您建议用什么样的防蚊的产品比较好？

周泰： 如果家庭用的话，最好用灭蚊灯。紫外线的波段是 360~380 纳米，蚊虫特别喜欢这个波段，会主动靠近灭蚊灯，这样就能把蚊子抓起来了，也不会对人体造成伤害。

王倩： 除了灭蚊灯，今天我再给大家推荐一个驱蚊妙招。我教大家做一种防蚊香囊，非常好用，而且不会对身体造成伤害。这些都是中药：艾草、紫苏叶、丁香、藿香、薄荷、陈皮。拿一个小布袋，把它们各抓一点，用绳子系好，可以搁在床头，出去玩的时候也可以挂在背包上。

安全提示

如何预防蜱虫叮咬

1. 尽量避免在蜱虫主要栖息地，如草地、树林等环境中长时间坐卧。如需进入此类地区，应注意做好个人防护，穿长袖衣服，不要穿凉鞋，扎紧裤腿或把裤腿塞进袜子或鞋子里。浅色衣服便于查找有无蜱虫爬上，而针织衣物表面光滑，蜱虫不易黏附。每天活动结束后，仔细检查身体和衣物，看是否有蜱虫叮入或爬上，发现蜱虫后立即清除。

2. 涂抹驱避剂，如避蚊胺（2 岁以上使用）可维持数小时效果。使用遮光剂或防晒用品时，先涂抹遮光剂或防晒用品，然后涂抹驱避剂。睡觉前应把驱避剂洗去。衣服和帐篷等露营装备应用杀虫剂浸泡，如氯菊酯、含 DEET 的驱避剂等。

被蜱虫叮咬后如何处理

蜱虫常附着在头皮、腰部、腋窝、腹股沟及脚踝下方等部位，一旦发现有蜱虫叮咬、钻入皮肤，可用酒精涂在蜱虫身上，使蜱虫头部放松或死亡，再用尖头镊子取出；或用烟头、香头轻轻烫蜱虫露在体外的部分，使其头部自行慢慢退出。烫蜱虫时要注意安全，不要生拉硬拽，以免拽伤皮肤或将蜱虫的头部留在皮肤里。取出蜱虫后用碘酒或酒精做局部消毒处理，随时观察身体状况，如出现发热、叮咬部位发炎、溃烂及红斑等症状要及时就诊，避免错过最佳治疗时机。即使未被蜱虫叮咬，从疫区旅行回来的人员也应随时观察身体状况，对疫区的蜱虫传染病保持警惕。有蜱虫叮咬史或野外活动史者，一旦出现发热等疑似症状或体征应及早就医，并告知医生相关病史。

八、致命的屁蹲儿

王倩： 通常小朋友摔了屁蹲儿会拍拍屁股站起来。其实这种拍拍屁股就走的动作背后蕴藏着危险。我们先来看一则新闻。今年16岁的初中男生小马，在上体育课的时候不小心摔伤了臀部。当时小马并没有在意，家长也认为只是一般的摔伤。第二天，小马疼痛难忍，根本无法抬腿走路，被送到医院检查。因为没有得到及时就医，骨头缺血导致坏死，被鉴定为八级伤残。今天跟小朋友分享的就是关于摔跤的事。请出今天的专家，国家级社会体育指导员、北京市全民健身专家讲师团秘书长赵之心老师。

关键词1：一个屁蹲儿能致残，到底怎么回事

赵之心： 首先告诉大家一个常识。小孩子生下来的时候骨头很软，骨头之间的缝隙大，柔韧性也比较强。所以小孩摔一个屁蹲儿，站起来拍拍屁股，最多哭两嗓子就好了。但是随着年龄增长，肌肉力量也随之增强，尤其是男孩子到了特别能折腾的时候，再摔个屁蹲儿可能就非常危险了，一定不能掉以轻心。

王倩： 在您的一线工作中有没有遇到过类似的事情呢？

赵之心： 太多了，给大家举个例子吧。冬天的时候，有一个姑娘出门时踩到一块冰上，一个屁蹲儿就坐在地上了。她当时急着去上班，爬起来就继续走了，结果到了办公室坐下之后发现自己站不起来了。到医院一

看，脊柱、胸骨、腰椎压缩性骨折，非常严重。压缩性骨折就是骨头立刻就扁了，还好没碎，如果碎掉的话，人就可能瘫痪。

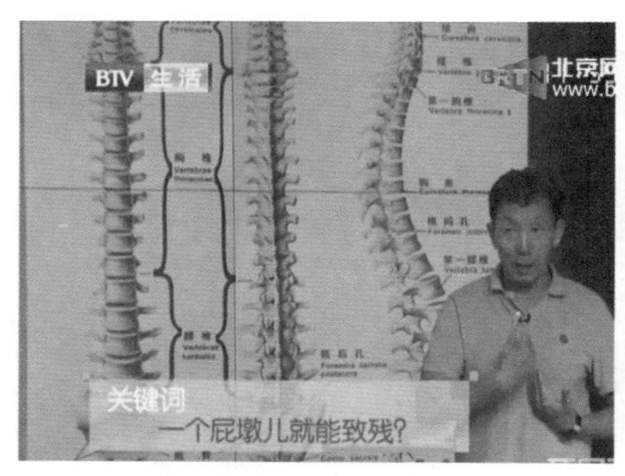

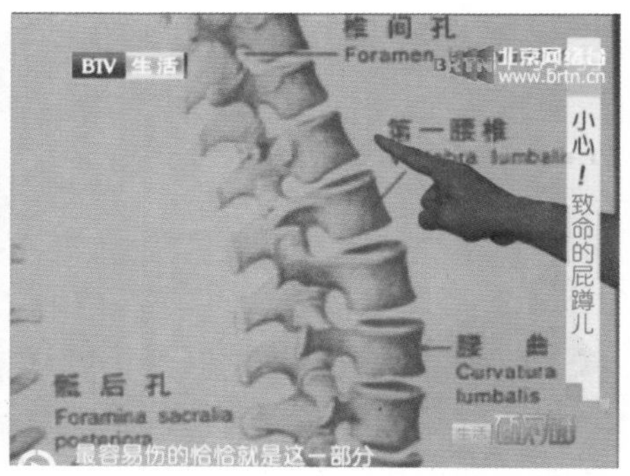

第一张图就是脊柱靠近内脏部分，在我们腹腔的后面，一节一节的就像蛋糕一样，如果这个节被压扁了就是压缩性骨折。我们的脊柱有一定的生理弯曲度，像个大S形。这两个凸起部分，也就是胸骨和腰椎最容易受伤骨折，而摔屁蹲儿最容易伤到的恰恰就是这个部分。同样容易受伤的还有骶骨。很多人喜欢跷二郎腿，这样会影响下肢的血液循环，而且会造成脊柱变形，是一个不良习惯。

关键词2：不疼不代表没事，腰椎最后的呼救你听得懂吗

王倩：通常我们都会用疼和不疼来判断摔得到底严重不严重，但是不疼也会有问题。摔倒不疼到底隐藏着哪些危机呢？请赵老师给我们讲讲。

赵之心：大家一定要从今天起明确一个概念，就是人在瞬间骨折之后会有一个时间段是不疼的，这个时间段大概是半小时到一小时。我给大家举个例子。有一次我看到一个大学生练习跳远，他落在沙坑里时我听到一个声音，就像拿棍子敲竹杠子的声音，当时我就感觉他的腿骨折了。同学们把他扶起来的时候，看见他大腿的断骨把肉都给撑开了。这个时候别人问他疼不疼，他说不疼。也就是说摔倒时不疼不一定意味着身体没事。

王倩：是这样的。我有一个朋友特别喜欢打羽毛球，有一次打球时他的脚踝骨折了，当时他的脚完全转了180度，脚尖朝后了。他看着自己扭曲的脚在那儿咯咯笑，我说你疼吗，他说不疼。我当时特别不理解，我以为他吓傻了。

赵之心：没有傻，他就是不疼，但是一个小时后他就会疼昏过去了，所谓后知后觉就是形容这个。所以这个时候要赶快去看医生，让医生把骨头迅速复位。如果等感觉到疼痛并且疼得非常厉害了再去复位，那就跟上刑一样了。

王倩：也就是说骨折之后，可能会有半个小时到一个小时之间不疼？

赵之心：对，这个时间是抢救的黄金时间。

王倩：除了这种情况，还有哪种运动损伤可能会当时不太疼，所以麻痹了大家呢？

赵之心：有很多伤势当时都不是很疼，但是如果突然有放射性疼痛，就代表着神经受损，大家就必须高度警觉了。

王倩：对于很多小朋友来说，如果大人问他是不是放射性的一跳一跳地疼，小孩听不明白。有没有一种简单的判断方法，既不会让大人和孩子产生恐惧心理、大惊小怪，但如果真的摔出问题了也不会错过最佳的治疗时间呢？

赵之心：怎么判断孩子摔得严重还是不严重呢？先看面容。人骨折的瞬间有一个最大的特点——脸色发白。不管大人还是小孩，如果一下子脸变白、冒汗，那就一定是骨折了。冒汗是第二步，已经开始出现疼痛的时候就开始冒汗了。

王倩：很多孩子爱逞英雄，摔了以后你问他疼么，他咬着牙说不疼，这种情况下怎么判断孩子摔得严重不严重呢？

赵之心：真正疼痛难忍的时候，脸是歪的。大家可能无法想象，当一个人在承受剧痛的时候，面部肌肉都是扭曲的。如果你发现孩子的脸在抖动，就一定是伤得不轻了。再有就是你问孩子摔了以后有什么感觉，他如果说麻或者说有一种说不出来的感觉，那就不能掉以轻心了。

王倩：小孩子可能不懂什么叫麻。我来问一下这位小朋友。

孩子：就是又酸又疼又没感觉。

赵之心：这个说得真准确，就是又酸又疼又没感觉。只要孩子说不出那种感觉，有可能就是麻的感觉。也就是说，孩子的描述和他的面部表情变化是我们判断摔得严重不严重的重要依据。

关键词3：儿童摔倒扶还是不扶，一招巧分辨

王倩：看来这摔屁蹲儿还真不像我们想象的那么简单。那么摔倒后该怎么做才能避免二次损伤呢？之所以说孩子摔倒了之后扶还是不扶，就是因为有的时候扶不好有可能造成二次损伤。这里我们先来看一个案例。

案例

某大学女生一次溜冰的时候不小心摔倒在地，当场疼得面无人色，话都说不出来，经同学搀扶仍无法站立。送到医院后被诊断为骨折，右小腿胫腓骨下段粉碎性骨折并已经明显移位，最终被鉴定为十级伤残。

赵之心：这里我先说一下大人。有一次我练习撑竿跳，落地时位置偏了，没落在海绵垫子上，从四米多高直接落在地上了。然后我躺在那儿，所有人都围过来了，教练的第一句话是“不许动”，就是要求大家都不要扶。因为不知道伤情如何，如果是骨折，那么折断的骨头容易划伤周围的组织，再次被移动的时候可能会把神经、大动脉挑断，也可能会把肌肉的深层挑断。所以说摔伤之后先不要扶。那么儿童摔倒扶不扶呢，要先看他的第一状态。小孩如果摔了之后自己爬起来了，那一定没问题；但是如果孩子躺在那儿不动了，大家要记住，搀扶或搬运都可能二次挫伤。

王倩：通常情况下，家长们认为孩子摔倒了该不该扶？

家长：孩子刚学走路那会儿，就是家长在前边招呼孩子的时候，如果摔倒了，你要想让他尽快学会走路的话，我觉得最好是不扶。

赵之心：孩子在学走路的过程中摔倒，自己站起来也是一种学习，而家长不让他摔倒可能是一大错误，摔倒了瞬间把他拎起来也是一大错误。所以学走路的孩子摔倒的时候让他自己站起来，你可以夸奖“好样的，真是男子汉”等，这个时候的摔伤大家不用太在意。

王倩：这是一种情况。那么再大一点儿的孩子如果摔倒了，大家觉得什么样的状态不能扶，有可能造成二次损伤呢？

家长：今年冬天我儿子从四米多高的缆车上掉下来了。当时他爸爸在缆车上下不来，我从另一条滑道往这边跑，这时就有好心人把他扶起来了。他爸爸在缆车上喊着“不要扶他”，但是没人听到。看缆车的工作人员也赶紧跑过去扶他。后来滑雪场的救护人员都说不应该扶，万一造成二次损伤就严重了。当时我们就心一揪，因为他就趴在地上一动不动。我们都很紧张，但是他没有哭，我的心就放下了，觉得他可能不会有太大的伤害。然后救护车来的时候，所有救护人员平托着把他抬到担架上。

王倩：把孩子扶起来的时候有什么要注意的呢？

赵之心：孩子摔倒之后，扶起或搬动之前先要让他动动手指脚趾，比如让孩子把大脚趾勾起来。如果他能听懂你的话并且做出这个动作，就证明他的脊柱没有受到严重损伤。

王倩：那么在已经确定摔伤的情况下，需要几个人来搬运呢？

赵之心：最少四个。正确的搬运方法是站在同侧，一定要有一位男士负责托住头部，就是把手伸到脖子后面搂着他的颈椎和头部固定，其他人用手撑着他的后背，陆续把手插到后背、腰部、臀部、腿部、脚部下面，然后大家一起往担架上放。先放脚，放好后托脚的人撤手，接着放腿、放腰，最后放头，双手放下去免得颈椎受伤。

如何正确地搬运已经摔伤的孩子

第一步：搂住孩子的颈椎和头部，使其头部和颈椎固定不动。

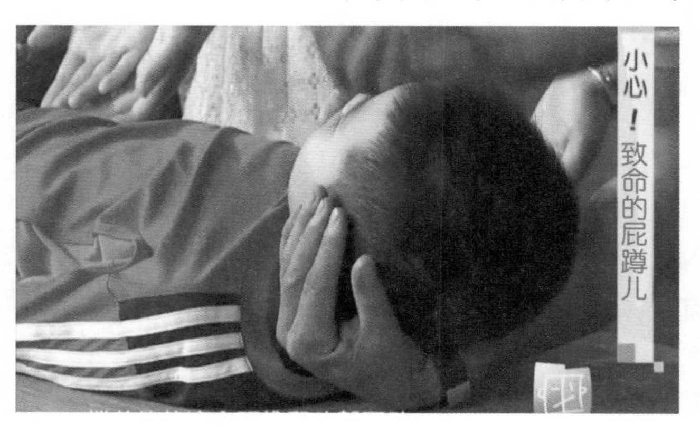

第二步：几个人将手从孩子身体下方缓慢插入，托住孩子的脊椎、臀部和腿部。

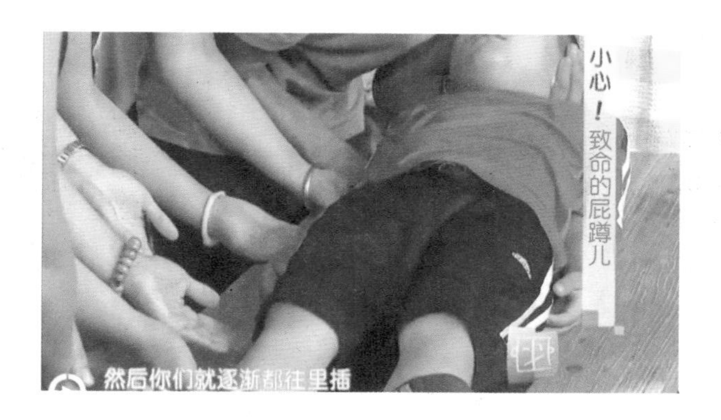

第三步：将孩子缓慢抬起并移到可以搬运的平面物体上，如床板、门板、担架上。拨打 120 或 999 急救电话，等待救援。

关键词4：足球运动员抗摔的秘密训练法

赵之心：不知道大家看没看过足球赛场上运动员的假摔。其实人体有一个部位是在摔倒前、摔倒中、摔倒后始终处于一个高度用力的状态的，很多人都猜不到是哪儿，既不是胳膊也不是腿。

现场嘉宾：是腰？头部和颈椎？应该是躯干吧？

赵之心：答对了，躯干里最重要的就是腹肌和腰肌。一个特别简单的小动作就能增强腰腹的力量，提高孩子的抗摔性。

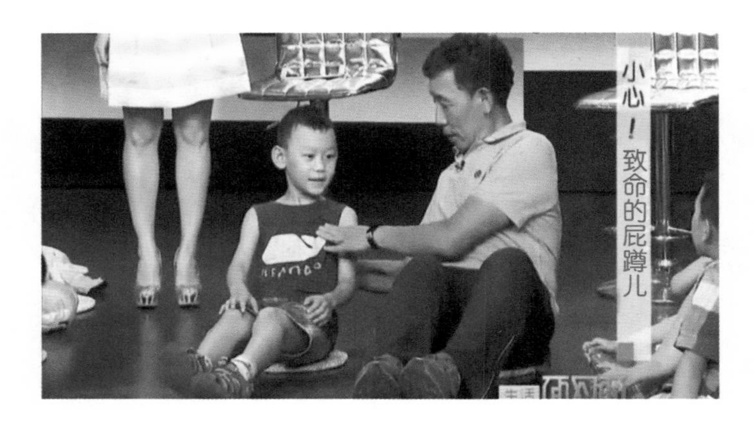

坐在地上，把腿抬起来，身体往后仰，手里拿一个玩偶。先把玩偶放在身体的这一侧，然后转到另一侧，这样左右交替，一会儿就会觉得腹肌和腰很累。这个动作是足球运动员的常见练习动作，让孩子每次做 100 个，孩子的腰腹力量得到增强，摔倒时的自我保护能力也就更强了。我建议父亲跟孩子比赛，看谁做得多。

九、83万元不翼而飞，揭秘网络诈骗

家中 83 万元存款不翼而飞，起因竟与网游有关；防不胜防的网络诈骗，最常见的网络诈骗手段，专家为您一一揭秘；更有专家讲述最行之有效的防骗方法；本期《生活面对面》，主持人王倩将与专家为您共同揭秘防不胜防的网络诈骗。

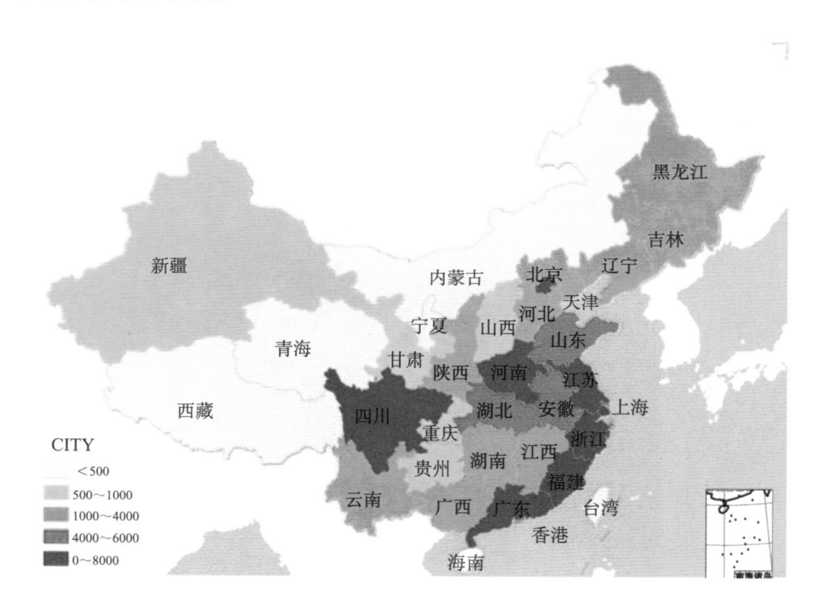

关键词1：永远不到账的游戏币

案例

16 岁的小宇是一名痴迷网络游戏的中学生。为了加快游戏升级的速度，他在网络上找了游戏代练帮自己升级，一小时支付 100 元。而就在前几天，小宇的妈妈让小宇帮忙在网上购物，于是将自己的

银行卡及U盾交给了小宇。东西买好后，妈妈忘记收回银行卡，就一直放在小宇身边，最终卡上的83万元存款被代练全部骗光。

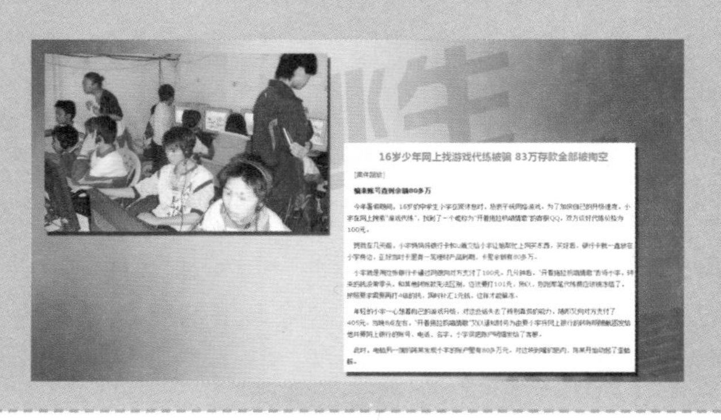

16岁少年网上找游戏代练被骗 83万存款全部被掏空

王倩：看来孩子们在网络安全方面的防范意识确实比较薄弱。那么这个所谓的网络代练到底是如何骗光小宇家83万元存款的呢？究竟我们身边还隐藏着多少这样网络的骗子？

罗斌：这个案例我之前也听说过。小宇找到代练问好价格就把这笔钱打了过去，之后对方说这笔钱和别人打的游戏款没法区别，钱就被冻结了，要想解冻就要再打入4倍的钱带零头，就是402、403这样，才能区别出来然后解冻。过了一会儿对方又说系统崩溃，钱又被冻结了。就这样一步一步骗小宇汇钱，最后小宇把八十几万元全部都打到了骗子的账户上。

王倩： 小宇怎么就一点一点地被骗了呢？

罗斌： 根据公安的办案经验，我们可以把网络诈骗案分为6个环节。骗子是一步一步把人带到他设计好的陷阱里面去的。

第一个环节，诱惑无利不起早。 骗子给出的代练价格很便宜，小宇就觉得很有吸引力，很想去试一试。

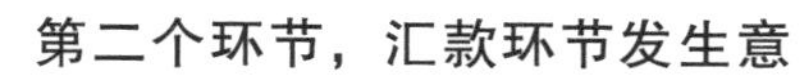

第二个环节，汇款环节发生意外。 如果按照正常的汇款流程操作，骗子根本骗不到钱。所以骗子必然要谎称发生意外，于是就对小宇说了这笔钱没有办法和别的钱进行区别，需要打入更多的钱，因为被冻结了等等这样的借口。

第三个环节，对个人信息的套取。 骗子通过和小宇的对话，掌握了小宇的很多信息，包括文化程度、财产状况、社会经验等。在这个案子中，骗子让小宇提供交易明细，就是转账的明细。小宇把自己的整个账务明细发给了对方，骗子一看卡上有八十几万元，那一定要把这八十几万元全骗到手才罢休。有了行骗的基础，骗子的目标就很明确了。然后，通过和小宇的交流，他发现小宇对于转账并不了解，也不知道钱什么情况下会被冻结、解冻需要什么程序，因此就这样套取了银行卡的个人信息。

第四个环节，用大量的信息轰炸你的大脑。 比如说之前一会儿会说他的系统崩溃了，一会儿会说这个转账被冻结了，一会儿又有别的理由，反正用各种各样的理由在短时间之内集中轰炸你的大脑。然后，他通过这种集中轰炸使得你没有办法去思考到底发生了什么，这些话到底合不合理。

第五个环节，收官阶段。 骗子拿到了钱数了数，差不多小宇该没钱了，于是就准备收官了。可是收官前他会做一件事情，就是要把受害人稳住，不要让对方尽快报案。他会说这个事情会在24小时之内解决，或者说5个工作日内就会把钱打回到你的账户上，用这种方式让你觉得还有希望，没什么事儿，也不急于去报案。

最后一个环节，转移财产。骗子会利用你在犹豫或者抱持怀疑态度的这个阶段，赶快派人把钱带走，让警方无法追回赃物，也无法抓捕到犯人。

案例

小华喜欢玩游戏，又没时间刷顶级装备，于是他在QQ上找了一个代练的号码打电话过去，对方自称张某，专门代刷游戏顶级装备。他告诉小华，要想刷装备必须先交30元定金，刷完后再付剩下的钱。按照张某的要求，小华先是向对方支付宝账户汇了30元，随后张某要了小华的游戏账号和密码，并警告他刷装备期间不能登录账户，否则不但不能刷装备，他的游戏账号还有可能被封。没过多久，张某就通过QQ给小华传来一张截图，告诉他游戏装备已经刷好。小华一看正是自己的账户，而他要刷的装备也已经穿在了自己游戏中人物的身上，当即支付了对方170元费用。此后，小华对张某深信不疑，当天又先后4次往张某的支付宝账户汇款10000多元。每次刷完装备，对方都会截一张图给他，表示装备已代刷成功。又过了几天，张某告诉他装备都刷好了，他可以登录账号了。小华兴高采烈地登录，结果账号一开，小华惊呆了，自己游戏里的人物还是穿着原来的装备。再找张某，无论是网上还是电话都联系不到了。

王倩：问一下杨老师，在您的研究领域中类似的案件多不多？

百度安全中心资深工程师杨猛

杨猛：根据我们的统计，这类诈骗网站是网络骗子行骗的主要手段之一。除了网络代练，还有游戏币充值也是利用类似的手段。比如说你充200个我送你200个，这样很多小朋友就很高兴，就先充200个试试，结果充了之后，骗子就用同样的手段，说我们的网络出问题了，你这个账号被冻结了，需要再充800个。2011年浙江就出现过一例这样的案子，被诈骗了1.5万元。受害人是一名初中生。

王倩：其实骗子瞄准的对象有可能就是这些懂点事儿，但是又不完全懂的孩子们。像这种隐藏于网络的骗子，更应该引起大家的注意。

杨猛：根据我们的统计，2013年百度安全中心共拦截了2200多万个骗子网址。2013年我们最终查获的骗子网站中，北京的就有50726个。排名前十的是北京、江苏、河南、广东、上海、福建、四川、浙江、湖北、安徽。十大城市排下来总共不到一百万，实际上还有大量的网站我们没有查获。

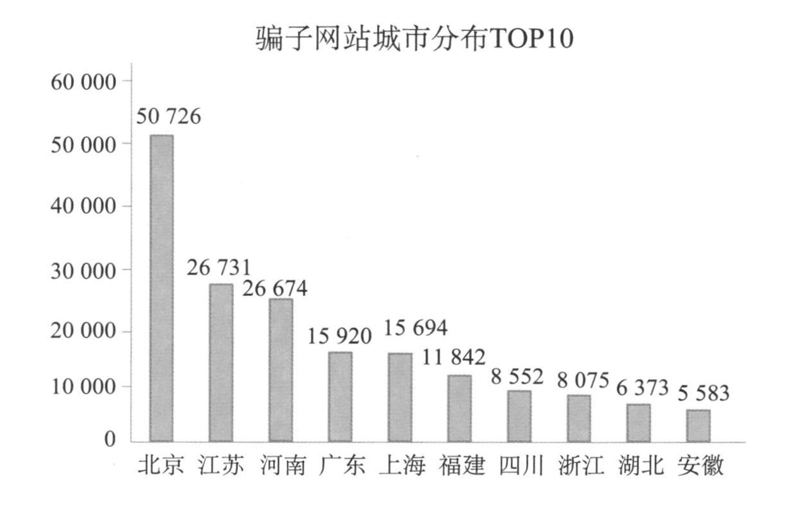

猜猜看：哪个是真的网站？哪个是诈骗网站？

王倩：到底哪个是真？哪个是假？

杨猛：大屏幕左边这个网站是假的。

王倩：其实我倒觉得这个应该是真的呢，因为它看上去好像挺正规的。

杨猛：右边的是一个比较大的游戏交易平台，在网络上还是比较知名的。

专家提醒

访问一个未知网址的时候，可以把网页拉到最下面，看一下它的备案号。正规网站都是要经过国家备案的，通过专门的查询网站可以查询这个ICP证是否有效。没有正规ICP证号的网站一般来说都是欺诈性网站。

关键词2：如何应对网络诈骗

第一，不要贪小便宜，这样就不会轻易被诱惑。

第二，在和对方交流的时候，不要被他带入他的那个节奏。我们可以适当地冷静一下，看看他是不是很急迫。如果对方很急迫，那就可能会有问题。

第三，当我们发现被骗的时候，应该及时打电话报警。很多受害人在被骗了以后都不报警，觉得好像损失不大，但是这样的话，对于其他人就不能起到警示的作用。

第四，在上网交易或者银行转账时，注意保留一切证据，包括和对方交流的记录（QQ聊天记录、微信记录、电子邮件、短信等）、交易的凭据、屏幕截图等等。这些证据在以后的侦查破案取证阶段是很有帮助的。

关键词3：为何热门节目竟会成为行骗保障

王倩：我们都知道骗子经常利用热门节目进行行骗，他的方法是怎么样呢？

罗斌：首先，他会通过一个短信或者一个弹出的网页告诉你，在什么活动当中，我们随机抽取了若干观众，恭喜你中奖了。

王倩： 大家有这样的经历吗？

家长： 经常接到这样的短信。上面还告诉你密码是多少，你中了多少钱，让你去注册，然后到那上面去领奖，接下来肯定就是跟你要个人所得税。

王倩： 所以如果骗子谎称你在节目中奖了，比如说中了 100 万元，那现在你要交给国家 20% 的所得税，也就是 20 万元。你要打给他 20 万元来换取 100 万元，那这 20 万元就落在了骗子的手里。但是我觉得关键是他这个信息是发给所有人的，不是特定的。你没有看过这个中奖的节目，怎么会中奖呢？

罗斌： 这就是我要说的第二点。虽然我们国家的税务制度中规定了 20% 的意外所得税，或者叫偶然所得税，但是绝大多数的情况是在领奖的时候直接扣除，不会让你先打钱再领钱。但骗子有时会说，这笔钱你不能全部拿到，有一部分要用作慈善。为了保证你会去从事这个慈善活动，所以扣掉你一部分钱作为保证金，这部分钱你要先打给他。反正就是想方设法让你打钱给他。

杨猛： 目前利用热门节目进行诈骗的事件还是很多的，我们就拦截到一例仿冒《我是歌手》来进行诈骗的。它上面有一个《我是歌手》中奖查询客服电话，还有“中奖用户请及时与我们核实”，说得信誓旦旦跟真的一样。现在有好多骗子网站为了增加可信度，还会专门提醒你谨防诈骗。

百度安全拦截的仿冒《我是歌手》中奖信息

关键词3：防范网络诈骗的终极招术

王倩：如此以假乱真的诈骗网站仅凭外观，连专家都难以分辨。那么究竟什么方法才能有效防范呢？

杨猛：防范网络诈骗首先是要加强防范意识，要意识到网上是有很多骗子的。你即使不招惹他，他也想办法要来招惹你。这时候我们就需要安装一些正规的安全软件来帮助防范。再有就是平时千万不要泄露自己的隐私信息，比如你家在哪儿，上几年级，在哪个学校等等，尤其是不要在社交软件里告诉陌生人。因为利用这些信息，犯罪分子就能获取到你其他的一些信息，就可以侵入到你的电脑系统里，或是在知道你的家庭住址之后对你进行更深一步的危害。

专家提醒

1. 不贪便宜。虽然网上的东西一般比市面上的要便宜，但对价格明显偏低的商品还是要多个心眼。这类商品不是骗局就是以次充好，所以一定要提高警惕，以免受骗上当。

2. 使用比较安全的网易宝等支付工具。调查显示，网络上80%以上的诈骗都没有通过官方支付平台的正常交易流程进行交易。所以在网上购买商品时要仔细查看、不嫌麻烦，首先看看卖家的信用值，再看商品的品质，同时还要货比三家，最后一定要用比较安全的支付方式，而不要因为怕麻烦而采取银行直接汇款的方式。

3. 仔细甄别，严加防范。克隆网站虽然做得惟妙惟肖，但若仔细分辨，还是会发现差别的。一定要注意域名，克隆网页再逼真，与官网的域名也是有差别的，一旦发现域名多了后缀或篡改了字母，就要提高警惕了。特别是那些要求提供银行卡号与密码的网站更不能大

意，要仔细分辨，严加防范，避免不必要的损失。

4. 千万不要在网上购买非正当产品，如手机监听器、毕业证书、考题答案等等，要知道在网上叫卖这些所谓“商品”的，几乎百分百是骗局。千万不要抱着侥幸心理，更不能参与违法交易。

5. 凡是以各种名义要求先付款的信息，不要轻信，也不要轻易把自己的银行卡借给他人。财物一定要在自己的控制之下，不要交给他人，特别是陌生人。

6. 提高自我保护意识，注意妥善保管自己的私人信息，如本人证件号码、账号、密码等，不向他人透露，并尽量避免在网吧等公共场所使用网上电子商务服务。网络诈骗正以诡谲多变、防不胜防的态势侵入我们的生活，树立牢固的安全观念、常备警惕之心，对没有固定收入的学生而言尤其重要。

十、孩子，你的隐私部位在哪里

暑假来临，孩子遭到侵害的概率也在增加。据统计，性侵儿童案件多发生在夏秋季即 7-9 月，约占全部案件的 50%。对于孩子来说，性侵所造成的伤害是一生都无法抹掉的。如果处理不好，孩子可能会行为退缩、噩梦不断、性格孤僻或变得“逆反”，孩子的家人也会陷入巨大的痛苦之中，倍感无助。如何给遭受创伤的孩子以心灵抚慰？如何帮助那些遭遇不幸的家庭？

王倩：同学们，大家知不知道自己身体上的隐私部位在哪里？我们先来做一个测试吧。

关键词1：你身体的隐私部位在哪里？

现场测试：男孩和女孩身体的隐私部位分别在哪里？孩子们自己真的明确吗？让他们明确身体的隐私部位，对他们未来的成长又有怎样的意义？

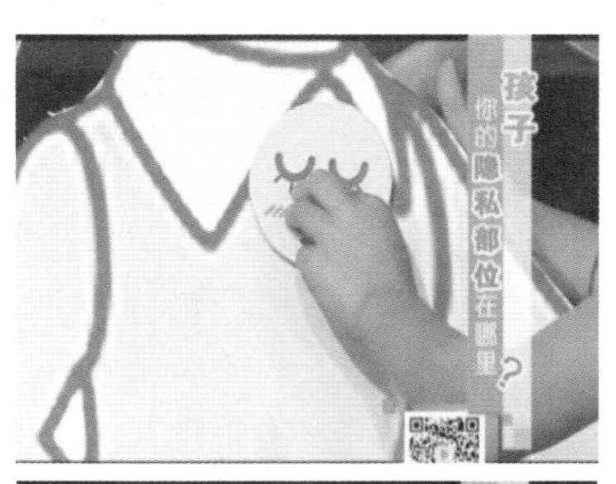

首先上场的是两位年仅 6 岁的小朋友。他们好像还不确定人体的隐私部位在哪里，一直在犹豫，是把贴纸贴在胸前，还是贴在小内裤上？甚至在想是不是应该贴在胳膊上？

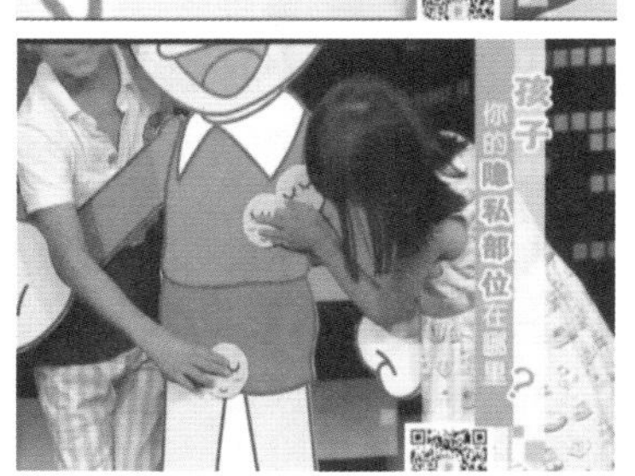

接下来上场的是年龄稍大一点的 8 岁的三年级小朋友，他们对隐私部位的理解相对明确，贴出的隐私部位大多集中在胸部和臀部，但也有小朋友贴在了头部。

王倩：让我们的孩子们知道自己的隐私部位在哪里并且懂得如何保护我们自己的隐私部位是非常必要的。其实在做这期节目之前，我们《生活面对面》栏目组是非常慎重的，每一个词、每一句话都跟老师直接沟通过。因为这一期是关于儿童性骚扰的问题，我们一直在想有些话、有些词在现场当着 10 岁、9 岁甚至更小的 6 岁的孩子说合不合适？

首都师范大学性教育研究中心的宋德蕊老师

宋德蕊：合适，而且这是非常有必要的。性侵其实属于性安全教育的范畴，而性安全教育应该从幼儿园就开始了。下面我们先来做一个名叫“亲密接触”的游戏。

测试游戏：

小朋友们两个人一组组成行动伙伴，按照老师的指令做出相关的动作。假如你觉得做这个动作会令你和对方感到不舒服，可以做 X 手势表示不愿意进行下去。

首先摸摸对方的头，然后摸摸额头，摸摸脸颊，拍拍肩膀，拉拉手，抱一下。

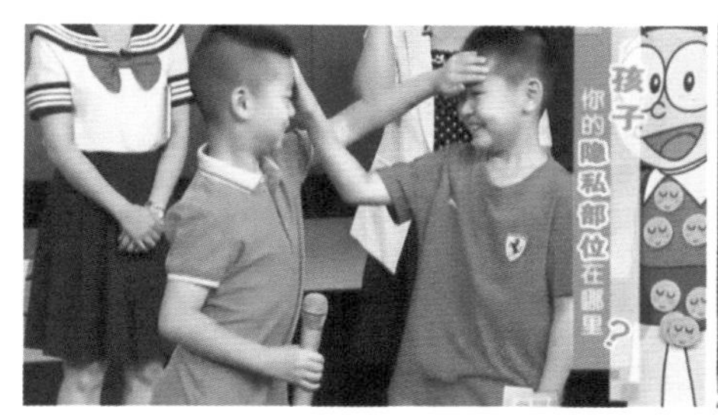

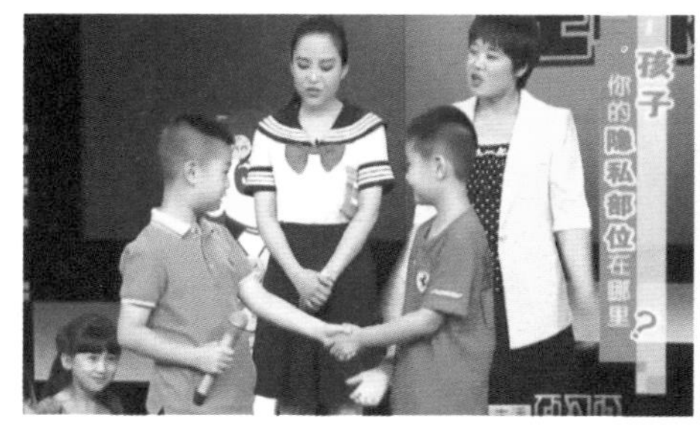

（前面的动作两个男孩子毫不犹豫都照着做了，到拥抱这个指令时，两个人开始犹豫，过了一会儿才拥抱了一下）

男孩子们在做拥抱、摸臀部等亲密接触动作时都露出了犹豫尴尬的表情，在长时间的思考之后才勉强完成了这些动作。现在换成异性小朋友，对于触碰对方的敏感部位，他们会有怎样的反应呢？

王倩：就按照刚才老师的指令，如果觉得这个动作会让你们感觉不舒服，可以做 X 手势表示不愿意游戏进行下去。

第一个动作，摸摸彼此的头部，摸摸额头。

（两个孩子照做了）

当专家发出摸摸彼此脸颊的指令时，他们两个拒绝做出这个动作。

（两个孩子同时做出了 X 的动作，拒绝摸对方脸颊）

接下来拍拍彼此的肩膀、拥抱、牵手、摸摸腿，两个孩子都做出 X 的动作表示拒绝。

现场三年级的 8 岁小朋友对性别的认知比较明确，很多亲密接触的动作，他们都表示了拒绝。还在上幼儿园的 6 岁小朋友对性别的认知相对模糊，但即使如此，他们对摸对方臂部的动作也表示了拒绝。专家对孩子们的表现也予以了肯定。接下来的测试中，我们将考验升级。当孩子面对一位陌生叔叔时，这些已经被他们拒绝的亲密接触，他们会再次拒绝吗？

男孩和叔叔做游戏

女孩和叔叔做游戏

王倩： 通过刚才亲密接触的游戏，我们想要告诉大家到底哪些部位是我们的隐私部位，是不能够让别人碰触的。那么怎么来区分自己的隐私部位呢？

宋德蕊：小裤衩和小背心覆盖的地方属于我们的隐私部位，或者女孩子的泳装覆盖的地方就是我们的隐私部位。一定要记住，我们的隐私部位，别人是不许看，更不可以碰触的，要学会自我保护。所谓的别人，小朋友们知道是什么人吗？

主持人带领小朋友们做了一道特殊的选择题。选项中包括：老师、邻居、家中长辈、陌生人、父母的朋友、自己的朋友。

宋德蕊：除了自己的爸爸妈妈可以在每天给咱们清洗隐私部位的时候碰触，其他的任何人都不可以，只有这样才能减少伤害。隔代长辈常常通过触碰孙子、外孙的生殖器官来表现对他们的疼爱。如果经常做这样的行为，就会让孩子们觉得，自己的生殖器官是任何人都可以碰触的。一旦有坏人想侵犯他的时候，他分辨不出来是一种伤害，更不会去躲避、求助来保护自己。所以我希望老一辈的爷爷奶奶、姥姥姥爷还是不要用这种方式来表达对孩子的爱，这样才能避免他们受到伤害。

2014 年 5 月 10 日，某幼儿园园长的丈夫被曝出性侵幼儿园里一个两岁多的小女孩长达一年之久。在这段时期内，孩子的母亲发现孩子总是小便失禁，带孩子去医院检查，结果令人震惊：孩子被诊断为处女膜破裂、多处生殖器官严重受损、子宫受损。

王倩：我手里有一个数据，是北京市朝阳区人民法院公布的该院少年审判庭 2007 年至 2012 年审结的 47 起对儿童性骚扰的案件数据统计：2007 年以来，对儿童性侵的犯罪的案件比例有所上升，从 2007 年的 3 件升至 2012 年的 10 件。这还只是一个区的数据。所以保护儿童权益，防止他们被性侵，加强对受害未成年人的心理救助是刻不容缓的。今天现场来了很多家长朋友，我想问一下家长们，大家有没有告诉过自己的孩子哪里是隐私部位，是不是可以被人碰触的？有人有过这方面的教育吗？

现场嘉宾 1：我女儿刚上幼儿园的时候，我给她买过一套书，是告诉孩子哪些部位是不能碰触的。

王倩：为什么要给她买书而不直接告诉她呢？

现场嘉宾 1：我觉得有些难以启齿，而且有些话我不知道该从哪个角度说，所以就买了一套书，让她从书上先去了解。

现场嘉宾 2：作为一个年轻爸爸，说这种事还真挺不好意思的。其实我没有跟我儿子交代过，因为我觉得是男孩嘛，现在刚 5 岁，天天跟在我身边，我觉得没什么必要，当爹的跟他交流也不知道应该从何说起。刚才那么一说的话，我觉得现在应该有必要了。我回去就给他买些书，让他看一些相关的电影。

王倩：现场家长的困惑，往往也是电视机前大多数家长的困惑。面对这种敏感问题，家长每每话到嘴边又觉得难以启齿。有的家长选择买相关的书籍给孩子看，有的家长甚至干脆避开这个话题。面对孩子的性启蒙教育，家长到底该怎样做？如果处理不当，又会对孩子造成怎样不可挽回的影响呢？

宋德蕊：孩子们如果不懂得如何保护自己，不懂得自己的隐私部位在哪里，就很有可能会受到伤害，而且还有可能去伤害别人。曾经发生过这样一个案例：一个孩子在他 6 岁的时候被成人性骚扰，之后一直很郁郁寡欢。长大后他就从一个性骚扰受害者变成了一个对他人实施性骚扰的犯罪者。在一年多时间里，他先后性骚扰了 9 名儿童并将其中 1 名儿童杀死。在他的成长过程中肯定没有受到过这方面的教育，没人告诉他当自己被性侵后该怎么办，所以才导致了这样的恶性循环。

刚才家长们都说羞于启齿，不知怎么告诉孩子自己的隐私部位是哪里。据统计，对孩子进行过性教育的家长仅占 35.92%，没有的达 64.08%，56.49% 的家长从未向孩子讲过预防性侵害的知识。

首先家长要明白，我们的隐私部位就像我们的眼睛、鼻子等器官一样，只是功能不同，所以没有什么难以启齿的。你不敢告诉他，感觉是在保护他，其实有可能会让他受到伤害。再有就是有很多家长因为自己的孩子是男孩，觉得性骚扰一般发生在女孩子身上，所以放松了警惕。但通过对以往发生的性骚扰案例进行整理，我们发现男孩被性骚扰的案例并不少，男孩子的性启蒙教育一样不能小视。我们总结了性骚扰案件的两个共同点：一是用孩子们喜欢的东西来引诱孩子，二是将孩子带到无人的地方。

专家提醒

有人对自己有如下行为时，告诉孩子一定要说不：

1. 把孩子带到隐秘的地方，让孩子脱下衣服或裤子，触碰孩子的胸部或生殖器。

2. 让孩子触碰自己身体的某个部位（胸部、生殖器），或让孩子看自己的裸体或隐私部位。

3. 带孩子看有很多成人裸体镜头的电影或视频。

4. 用自己身体的某个部位（生殖器或者嘴）接触孩子的隐私部位。

5. 在公交车、电影院等公共场所触碰孩子的隐私部位。

男童被同性猥亵一般具有以下特点：

1. 对象特定性。受害人一般是 9~14 岁白净漂亮的小男生，“怪叔叔”拐骗男孩子的手段通常是帮忙打架、保护、买零食、请吃饭、玩游戏和给零花钱等，骗取孩子信任后实施猥亵侵犯。

2. 行为隐秘性。很多人认为只有女孩才会受到性侵犯，男孩不会，其实男孩和女孩一样会受到性侵犯，只是对男孩的侵犯更加隐蔽。男孩可能受到成年女性的性侵犯，且更容易受到成年同性的性侵犯。同性之间的成年人猥亵儿童行为更加隐蔽，比异性的猥亵更难以发现，让人防不胜防。有些受害男生甚至不以为意，也有些出于爱面子考虑进行保密，致使很难被发现。

3. 影响和伤害深远。很多受到性侵犯的孩子心理会受到伤害，如对男性会有厌恶和恐惧心理，脑袋里像放电影一样闪现、内心抑郁等，也可能影响到对性的认识，甚至可能影响到将来的性行为和性取向，对将来的婚恋和家庭造成影响。

关键词2：拒绝陌生人拿东西来引诱孩子

王倩：生活中或者是陌生的环境中，孩子会面对很多诱惑，比如女孩子喜欢的洋娃娃，男孩子喜欢的铠甲勇士、变形金刚还有iPad、零食等等。平时家长们是怎样告诉孩子要拒绝陌生人拿这些东西来引诱的呢？

家长经常对孩子说的话：

陌生人给你零食，你不能吃，可能有毒，吃了以后就再也见不到爸爸妈妈了；

零食对身体不好，不能吃，吃了就不能长高个了；

别人给你的东西不能吃，如果我发现你吃了，我就要打你打到你记住为止；

别人给你的东西不能吃，妈妈说的都是为你好，你要听妈妈的话；

别人给你吃的你不能吃，如果你想吃，回来跟妈妈说，妈妈买给你吃。

王倩：宋老师认为哪种方式是正确的呢？

宋德蕊：正确与否主要是看对孩子的影响力有多大。第一条做法可能对于孩子来说更有说服力。都牵扯到见不到爸爸妈妈了，孩子能接受得更多一些。至于第三条，我想问这样做的家长们，你说打到孩子记住为止，那打过后他记住了吗？就是记住了，他知道为什么要打他吗？我们应该告诉孩子，假如你吃了陌生人给你的东西，那么可能你的生殖器官会受伤，会非常疼痛，以至影响你的身体发育和以后的生活，这是身体上的。在心理上，一旦被性侵，孩子会整天担惊受怕，怕被别人知道，怕再次受到伤害，不敢跟别人去接触，去亲热。如果带着这种心态，肯定会导致学习下降。

王倩：宋老师，我知道您是这方面的专家，您的孩子从小就开始接受这方面的教育了吗？

宋德蕊：在他上幼儿园之前，我就已经对他进行性安全教育了，主要是告诉他不能让别人碰你的隐私部位。这里我想说一件实事。在他 3 岁多的时候，有一次他爷爷碰了他的小鸡鸡，可能碰疼了，他就非常大声地说："妈妈，爷爷侵犯我了！"

他能说出这样的话，我就觉得作为家长，经常跟孩子普及这方面的知识还是很有必要的。他在外面如果被人侵犯的话，我想他最起码知道拒绝，然后回家告诉我。

关键词3：说出你心中难以启齿的秘密

王倩：其实刚才宋老师说了一句话，就是受到性骚扰之后，受害儿童非常担心别人知道，整天担惊受怕。我们在整理以往发生的性骚扰案件中也发现了一个非常可怕的事情，那就是很多性骚扰都是持续了很长时间才被发现的，这里也有一个案例，发生在安徽。9 名女童被实施性骚扰长达 12 年，其中最小的受害者年仅 6 岁。2012 年 8 月，两个孩子在游戏中向亲属讲述自己秘密的时候，这个跨度长达 12 年之久的案件才被大人发现。所以如果性骚扰真的发生了，那么第一时间发现并且让孩子说出自己的秘密就成为了当务之急。如果遇到了这种情况，怎么能够让孩子把自己被性侵的过程勇敢地告诉大人呢？

宋德蕊： 首先，我们做父母的对于这方面的理解就存在偏差。我们作为父母一直在回避这个问题，甚至有的家长在孩子来问这方面知识的时候还会打骂孩子，这就让孩子觉得这是一个非常难以启齿的话题，那么一旦有什么事降临到这个孩子身上，他就会不知所措，更不敢告诉父母。所以家长应该做到的一是每天在给孩子清洗隐私部位的时候，注意观察有没有红肿等异常现象；二是观察孩子的情绪，是不是突然暴躁或是突然不想上学，整天一个人发呆。还有，一旦孩子被性侵了，我们应该告诉孩子，发生这样的事跟你没有关系，不要责怪自己。最后一点就是如果孩子真的不幸被性侵了，一定先不要给孩子洗澡，保留证据，照片、视频都是可以作为呈堂证供的，然后去公安机关报案，将歹徒绳之以法。孩子被性侵后，除了来自父母的家庭温暖外，还应该给孩子找个心理医生，做一下这方面的疏导。

王倩： 如果家长真能做到这几点，甚至更多的话，那么孩子一旦有这方面的秘密肯定愿意跟我们说，愿意第一时间说。当然，作为家长肯定不想听到这方面的秘密，所以我希望所有的小朋友应该从小树立自我保护的意识，知道自己的隐私部位别人是不可以看或者碰触的，在有人试图伤害你时懂得拒绝，懂得逃生。如果你阻止不了伤害的发生，一定要在心里暗暗记住伤害你的人的特征，比如说脸上有颗痣、哪里有个疤。最后希望小朋友们一定要记住，生命永远是第一位的，爱护自己，不要做傻事。

安全提示

预防性骚扰，家长必须做到的5件事

1. 尊重孩子并让他学会说“不”。可以一起玩“挠痒痒”的游戏，游戏中孩子痒得受不了时，家长就要鼓励孩子喊“停”。最好也能鼓励孩子之间遵守这样的规则。“停止”或“住手”需要被尊重，并且是马上执行。告诉孩子，当有人，包括父母、兄弟姐妹或是朋友不尊重他们时，生气是完全合理的反应。

2. 教会孩子大声呼救。在对方强迫孩子做他不想做的事的时候，可以大声呼救引起别人注意。

3. 时时叮咛孩子出门在外要小心。不抄快捷小巷、不落单、不凑热闹。如果被人跟踪，应该尽量选择去热闹、明亮的地方，如麦当劳、商场等，寻求店员或工作人员的帮助，而不要直接回家。

4. 教导孩子不理会陌生人的搭讪，不轻易相信陌生人的话。不接受陌生人给予的食物或饮料，中途离座如厕后，避免食用桌上的食物、饮料。

5. 教育孩子不要给陌生人开门。

十一、独自在家

王倩： 放暑假了，可能家长们跟孩子说得最多的一句话就是“别出去乱玩”。往往大人会觉得孩子待在家里是最安全的，但是家里同样也存在死亡陷阱。为什么这么说呢？

关键词1：躲猫猫躲进死亡陷阱

张咏梅： 我们曾经在北京、上海、广州、成都4座城市做过3800多家入户调查，发现50%以上的家庭存在非常严重的安全隐患。还有一个大家都不太愿意接受的事实，就是50%以上的意外伤害都发生在家里，每天有150个0~14岁的孩子因为意外伤害而离开我们。

王倩：我们常说家是安全的港湾，为什么家偏偏成了孩子们容易受伤的地方呢？下面我们要说的和躲猫猫这个游戏有关。在节目录制之前，我们特地邀请了几位小朋友玩躲猫猫，同时记录了他们的藏身之地。这些地方到底安不安全，会不会就是我们所谓的死亡陷阱呢？一起来看这段小片。

实验小片

一声令下，小朋友们马上四处跑开了。一个藏在了衣柜里，一个毫不犹豫地钻进了狭窄的电视橱下，一个躲进了窗帘中，一个打开了电冰箱，还有一个跑进卧室钻进了床底下，而一对可爱的小姐妹竟然想钻进洗衣机。

王倩：大家认为藏在哪里会比较危险呢？

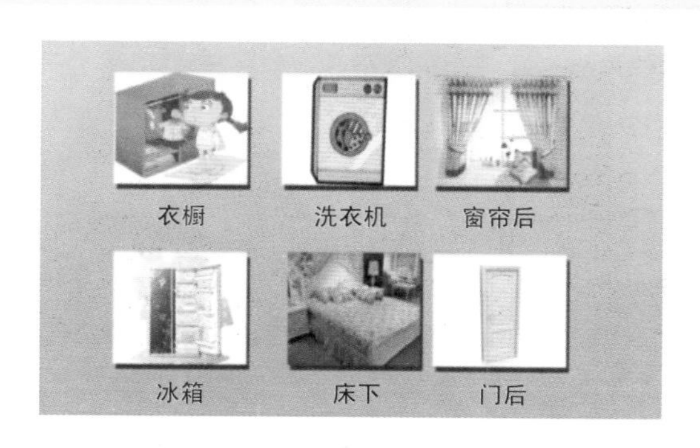

总结：小朋友们分别将手中的小红叉贴到了衣橱、洗衣机、冰箱、床下和门后，唯独没有一个小朋友认为窗帘是危险的藏身之地。

王倩：请张老师为我们解答一下，家中哪些地方是存在危险的？

张咏梅：其实在我做的这类儿童伤害监测中，最多的伤害来自于窗帘。实际上这是在我们生活当中发生最多的问题，而且是要命的问题，很多孩子都是在这里发生了跌落。很多家庭夏天都开着窗户，但是为了防晒拉着窗帘。好多孩子就这么跑来跑去，然后躲到窗帘后面，当他发现自己的身体不能控制的时候已经掉下去了，因为窗帘后面的窗户开着。在我们的监测当中，73% 的家庭是没有窗户护栏的，这非常可怕。其次是衣橱或者柜子。

案例

2011 年 7 月 13 日中午，7 岁儿童小然从 17 层坠下，当场死亡。据了解，事发时父母出门了，只有三个孩子在家里玩。死者 13 岁的姐姐小霞称，当时她与弟弟和另一名小孩小云在玩捉迷藏。小云在阳台上找到小霞后，却找不到小然。随后两人一起寻找小然，这时 18 层的邻居打来电话，说一个小孩摔下楼去了，问是不是她弟弟。她当时吓蒙了，赶紧打电话找来父母。据悉，小然坠楼卧室的窗户不能锁上，而且滑轮比较灵活，窗台上还有淡淡的脚印。据估计，小然当时可能躲在窗帘后，在转身时不慎将窗户推开，人就掉下去了。

王倩： 为什么衣橱和柜子会比较危险呢？我们来看一个真实的案例。

有这么一家人，爸爸妈妈和爷爷均外出打工，留下奶奶一人在家看管一双年幼的孩子。一天奶奶做好了午饭，却发现孙女们不见了。警察赶到后，排除了孩子在河边落水的可能，经过再三询问，在场的村民都说没有看到她们出来。于是民警到孩子的家中四处寻找，终于在小阁楼中的木箱子里发现了姐妹二人。原来，两个孩子玩捉迷藏，不慎被锁在了木箱中。当人们找到两个孩子时，6 岁的姐姐和 4 岁的妹妹已经没有了呼吸。

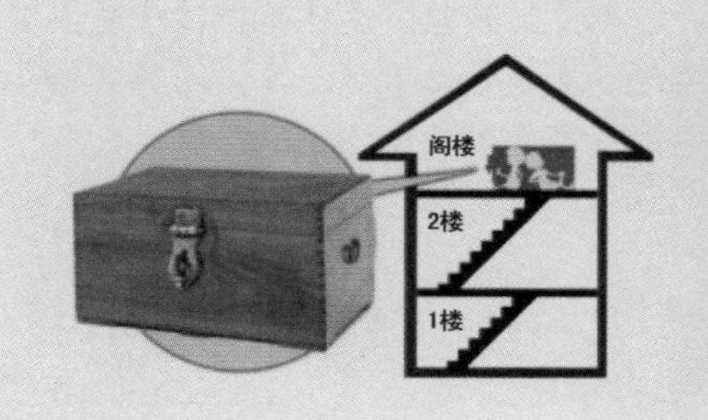

王倩： 为什么两个小女孩进入这个箱子里会发生离奇死亡呢？问一下咱们的专家老师，您觉得问题出在哪里？

张咏梅： 案例中的木箱长约 1 米，宽约 75 厘米，是件老式家具。老式的木箱上面没有锁，只有子母扣。按照常理分析，姐妹俩应该一个躲一个藏，至少不会发生两个都被闷死的惨剧。有可能是姐妹俩在躲藏过程中发现了这个“秘密”，觉

得好玩，于是都进去了，但是在进入木箱并盖上箱盖的过程中用力过大，使翘起的母扣下落，与子扣扣在一起。在没有外力的情况下，箱子里的人很难打开。由于箱子内空间狭小，箱盖合上后，箱内空气流通不足，造成箱内缺氧，姐妹俩窒息而死。

安全提示

无论是衣柜还是衣橱，可能造成的伤害都是窒息伤害，而且窒息时间超过4分钟大脑就会缺氧，人就会处于昏迷状态，根本就不能大声呼救了。窒息伤害中的前4分钟是黄金抢救时间，超过4分钟就会造成永久性伤害。现在的城市家庭衣橱比较多，最好不要装锁，因为装锁的话一般也是搭扣锁，这样的锁孩子进去是推不开的。衣橱的另一个危险点在于它的不稳定性，尤其衣橱底下是四只脚的，孩子进去以后很可能衣橱会倒下来。所以，衣橱并不是一个很好的藏身地点。

关键词2：吃人的洗衣机

2013年9月21日，南昌市新建县樵舍镇发生了一起惨剧：一对年幼的小姐妹在家里玩耍时，不幸爬进洗衣机被绞死。姐姐不到4岁，妹妹才2岁。

王倩：相信有很多朋友还记得2013年发生的洗衣机绞死女童事件。让人疑惑的是，孩子就算爬到洗衣机里，又怎么会按到外边的启动按钮呢？究竟洗衣机是怎样运转起来的，洗衣机的力量到底有多大，真的能致命吗？今天我们请到了和洗衣机打了十多年交道的洗衣机专业维修师杨师傅。请问一下杨师傅，洗衣机的搅动功率到底有多大？

杨师傅：洗衣机在进行甩干的时候，内桶会高速旋转，转速能达到平均每分钟 1000 转，也就是达到了 200 倍的重力加速度。

王倩：但是刚才的新闻中，钻进洗衣机里的两个小朋友是怎么启动洗衣机的呢？

杨师傅：洗衣机的上盖有一个安全开关。不知道家长们有没有这个习惯，就是在甩干一些小的衣物的时候觉得没必要甩那么长时间，就会把盖子打开，甩桶就停止了，可以把衣服拿走。如果这个时候小孩钻进洗衣机里，盖子重新盖上，洗衣机就会马上启动。

王倩：也就是说大人虽然把衣服拿走了，但是洗衣机还在执行着程序？

杨师傅：对，目前只是一个暂停状态，只要把盖子合上，就给了洗衣机一个启动的指令，洗衣机就会继续工作了。

王倩：那这个装置、这个程序叫什么呢，我们怎么能避免呢？

杨师傅：这个程序就是上盖锁，也叫安全锁，实际上是洗衣机设计的一个安全装置。也就是说洗衣机在甩干的时候，如果上盖意外打开，它能让洗衣机停止工作，处在一个暂停的状态。但是恰恰就是这个设计给我们带来一些危险。这个时候如果小朋友钻了进去，又把盖子盖上，那么洗衣机马上会重新转起来，不需要设定任何程序。所以家长们在使用洗衣机的时候一定要亲自盯着，如果洗衣机暂时需要停止，我们建议直接切断电源。

王倩：家长的安全习惯太重要了。在孩子很小的时候，不要把孩子抱着放到洗衣机里玩。我身边很多人都有这个习惯，孩子很小的时候把他放到洗衣机里转一转，逗逗他。但是早晚有一天，孩子会模仿这个动作，会以为这是一个游乐的地方，不知道它可能会致命。再有就是关于冰箱的问题。一个是家长的教育，因为它毕竟是个电器，凡是有电的地方都要让孩子们知道，它不是玩具也不是游乐的地方。一般冰箱都放在厨房里，所以家长要养成习惯，尽量不要让孩子进厨房，因为厨房里的确有更多的安全隐患。其实很多伤害都是可以预防的，但是要靠我们家长和老师多留心、多注意，才能给孩子真正的安全的环境。

安全提示

1. 洗衣机不用时将顶盖封闭；
2. 机内不要存水，防止孩子栽入；
3. 儿童锁功能不能忽视；
4. 告诉孩子，洗衣机很危险；
5. 提醒洗衣机厂商在机身上或者儿童锁上标注更醒目的标识，从而引起家长的注意。

关键词3：别开门　孩子真的会听话吗？

王倩：小朋友们放假时，有没有一个人在家的时候？有没有遇到过陌生人来敲门？家长平时又是怎么告诉孩子的？孩子真的会听话吗？

案例

2012年12月19日中午，两个少年进入渝北区某小区，尾随一名8岁的小学女生放学回家。两人敲开小女孩的家门，随便编了一个人名。小女孩说没这个人，把门关上了。

二人又敲开房门，一个凑上前去问：“小妹妹，是不是只有你一个人在家呀？”小女孩回道：“是的，我爸爸妈妈和奶奶都在上班。”两人欣喜万分，对小女孩讲他们欠了别人很多钱，如果不还就会被追杀，出来找点钱是为了拿去保命。

天真的小女孩信了，看着两个可怜的大哥哥，把自己身上仅有的4元钱给了其中一个人。

见小女孩相信了，两人又提出让他们进屋去躲一会儿，没想到被小女孩拒绝：“爸爸妈妈说，不可以让陌生人进家门的。”二人见骗不了，便一把捂住正准备关门的小女孩的嘴，并从房内的一件睡衣上解下一根带子，将小女孩捆绑后抢劫财物。

王倩： 今天我们请到的是著名心理专家汪斌老师，以及北京市青少年法律与心理咨询服务中心副主任许建农，和大家一起来探讨儿童究竟该如何面对陌生人敲门。

在节目录制之前，我们特地安排了一场真实的测试，邀请了三位小朋友在家中进行测试。在我们的安排下，他们的父母都要临时出门办事，分别留下他们独自在家。那么接下来会发生什么事呢？他们的父母到现在还不知道。真的有陌生人上门的时候，来看一下孩子是怎么应对的。

测试一

一号小朋友（小学一年级）

家长：妈妈要出去一下，很快就回来。要是有人来叫门，你不可以开，不然要是坏人把你带走了，你就再也看不见爸爸妈妈了，知道吗？妈妈走了啊，乖，拜拜。

陌生人：有人在家吗？

小朋友：谁啊？

陌生人：我是那个修电表的叔叔，你是自己在家吗？

小朋友：对。

陌生人：叔叔进去一下，一会儿就出来。

小朋友：不行。

二号小朋友（小学一年级）

家长：我现在出去开会，你自己在家，如果有人敲门的话，先不要开门，让他给我打电话，确认他要做什么。如果你随便去开门的话，我会很不高兴的，知道吗？

陌生人：有人吗？

（听见敲门声，小朋友并没有马上应答，而是踩着小板凳从猫眼向外看）

小朋友：没人。

陌生人：你爸爸在家吗？

小朋友：谁呀？

陌生人：小朋友，我是你爸爸的朋友，他在家吗？

小朋友：不在家。

陌生人：那你给我开门，我进去等他一会儿，我找他有事。

小朋友：不开。我答应我爸爸，不给陌生人开门。

三号小朋友（小学一年级）

家长：宝贝，妈妈要出门了，记得一定不要开门，即便说是小区的人也不要开，因为你不知道他到底是不是。妈妈走了啊。

（陌生人敲门）

小朋友：谁呀？

陌生人：小朋友，我是你爸爸的朋友，过来开一下门。

小朋友：等我家长回来你再来吧。

陌生人：我跟你说几句话，我是你爸爸的朋友。

小朋友：真不行，我家长回来你再来吧。

王倩：两位专家老师通过这个小片看出来有什么问题了吗？

许建农：这里边还是有一些问题。外边如果有人敲门，应该先看看是不是陌生人。刚才有一个同学从门镜往外看的时候，把凳子搬过去是发出声音的。正确的方法是把凳子轻轻地放在门口再往外看，这样不会让外边的人对里边的声音做出分析。最重要的是外边问有人吗，这孩子回答是没人。我觉得你说没人还算好的，你要是说没有大人就更麻烦了。最好的方式就是不说话，先看清楚了是谁再说。

王倩：测试一中孩子们的表现怎么样？

汪斌：就他们这个年龄阶段来讲，孩子们表现得已经很不错了。虽然可能有一些不成熟的地方，但是最终的结果证明了他们的安全意识是非常强的。但我觉得大人和孩子沟通的时候，还是有一些可以调整的地方，或者做得更好的地方。

王倩：汪斌老师的话我听明白了，也就是说刚才那个实验当中，孩子们的表现还是可以的，但是有问题的也许就是大人了。那么大人哪里有问题呢？

汪斌：一号家长的声音非常温柔，所以她说这些话的时候，孩子不会有特别大的心理阴影。但是对于特别敏感的孩子，如果家长是非常严肃甚至非常焦虑地跟孩子说，你开门坏人就会把你抓走，你就再也看不见爸爸妈妈了，孩子会觉得门外的世界是不安全的，这样就点明了后果，就是你可能再也见不到爸爸妈妈了。但是原因是什么，她没有说明白，只说开门坏人就会进来，实际上为什么不要给陌生人开门是一个我们经常忽略的事。为什么？因为陌生人可能是坏人，而我们分辨不出好坏。比如说陌生人也可以穿得很整齐，也可以面带微笑，甚至可能准备了糖果给你。因为你分辨不出陌生人是好人还是坏人，所以不能给陌生人开门，而不是说陌生人都是坏人。为

了以防万一，所以你要怎么怎么样。而且说完还要跟孩子确认，陌生人来了会不会开门？孩子说不开，之后你还要再问一句为什么不开。你要让他把你教的理由内化了，就是这个世界不是危险的，但是有危险。所以尽管妈妈此时跟孩子沟通是很温柔的状态，但是也许孩子会抵触外面的世界。所以有些孩子在过度保护的家长手里就会变得很胆小，家长会告诉他这也不能动、那也不能动，孩子就丧失了探索的天性。

家长如果说爸爸会生气，后果很严重，那么孩子在 3 岁到 6 岁会有一个逆反期，还有 6 岁学龄前到学龄期，比如我们一年级的小朋友可能也开始出现一些自我意识了，这个时候家长越不让做，他可能越要去做。所以如果只是以生气为后果之类的话，孩子是不知道事情究竟有多严重的。我们是要让他认识到他的行为和造成的后果的关系，而不是简单的只是父母生气。也就是跟孩子说清楚很重要。比如说电插销的问题，很多家长说你不能碰，但我小时候就想知道摸摸电门是什么感觉。当时插线板就藏在我们家的褥子底下，我总爱把褥子翻开看一看。终于有一天，我鼓起勇气摸了一下，当时电得可疼了，一下子就记住了。家长应该告诉孩子为什么不能摸，被电到会怎么样。低年级的孩子就告诉他电会咬人。还有一些家长想了一个招，就是用一些微微有电刺激的东西让孩子感受什么是电刺激。实际上你越不告诉他为什么，探索期的孩子就越想尝试一下。家长要让孩子知道这个事究竟有多重要，因为孩子是通过家长的情绪来感受这个事究竟有多么严重的。

王倩：看来家长对孩子进行安全教育的方式是非常重要的。刚才那个测试当中，这三位小朋友确实非常听话，没有给陌生人开门。不过要是加上糖衣炮弹，小朋友们还能坚持不开门吗？

测试二

一号小朋友

陌生人：来，小朋友，我这儿有好吃的、好玩的。

（可爱的小朋友把耳朵紧紧贴在门上，仔细听着门外的动静）

陌生人：我这儿有个玩具可好玩了。

（听到有好玩的玩具，小朋友立刻犹豫起来）

结果：开门，玩具诱惑成功。

二号小朋友

陌生人：你看我给你带了这么多东西，有玩具，还有吃的。

小朋友：不行。

陌生人：你不是爱玩平板游戏吗？

（门外的叔叔拿出了平板电脑，小朋友好像有些心动）

小朋友：我要给我爸打电话。

陌生人：你爸爸让我在里边等他一下。

（小朋友还是坚持要先给爸爸打电话，不过这也难不倒陌生人叔叔。他拿出手机，装作给小朋友的爸爸打电话）

陌生人：行，那我就先进去了啊……你儿子在家呢……让他开开是吧，行。

（听到门外陌生叔叔打电话的声音，小朋友开始犹豫了。他又搬来一个更高的凳子，踩上去仔细观察外面）

陌生人：小朋友，听到了吗？来，给叔叔开一下。

结果：开门，诱惑成功。

三号小朋友

陌生人：小朋友，叔叔给你带了好吃的。

小朋友：不喜欢。

零食诱惑失败。

陌生人：我这儿还给你带了玩具呢。

小朋友：不要。

陌生人：你开门看一眼。

小朋友：不看，等我家长回来我再看。

玩具诱惑失败。

陌生人：你喜欢玩游戏吗？

小朋友：不喜欢。

陌生人：我带了平板电脑过来，咱俩玩一会儿游戏，等你爸爸回来，行吗？

小朋友：不行，你是陌生人，我不让你进来。

游戏诱惑失败。

王倩：两位专家对第二个测试的内容有什么看法？

许建农：在整个过程里，我发现可能所有的父母都忽略了一个小窍门，就是在孩子和父母之间应该有一个属于你们的口令或者密码。就是说如果这个人真的是父母派来的或认识父母，哪怕打完电话以后，他就应该知道一个口令，是家长和孩子约定的。这个口令应该是经常更换的，而且是和家里的其他东西，比如说车牌号和电话号码没有关系，因为这个很多人也可以查到。比如把上次生日妈妈送给你什么礼物之类这种很细微的孩子和家长之间的小秘密作为口令确认。当然并不一定听到口令就要开门，但这是一个很重要的确认信息，在家庭中是非常必要的。还有就是在跟孩子沟通的过程中我发现一点，越是平时没有机会享受特别待遇的孩子，越容易被诱惑所吸引。我们常说一句话，叫女儿要富养，原因就是不让小姑娘被简单的诱惑骗了。其实所有的孩子都是，如果我们平时把孩子管得太严，零食也不让吃，平板电脑也不许玩，这个诱惑对他来讲就会特别强。所以我觉得让孩子适当接触一些诱惑，这种诱惑对他就没有那么致命的吸引力了。

汪斌：其实诱惑是什么呢？我觉得第一个就是孩子特别想得到、对他特别有吸引力的东西，但是这个诱惑的背后可能会有一些风险。那么作为家长来说，在平常的家庭安全教育里有很重要一条，就是拒绝诱惑的教育，向这种诱惑说不。在心理学上有一个概念，就是延迟满足。如果我们能让自己的需要等待一段时间再满足，就会得到一个更大的满足。很多孩子不能等，所以就对这些诱惑没有抵抗力，看到诱惑就要扑上去。有个棉花糖实验，孩子如果看到棉花糖马上要吃，只能吃一颗；但是如果他等一会儿的话，就可以给他两颗。结果发现能够忍耐的孩子，未来的学业成就、生活质量、健康状况都更好，这也就是我们常说的有节制的人。

王倩：如果陌生人只是在外面诱惑小朋友开门，那么只要坚决不开门就可以了；但是还有一种非常可怕的情况，就是坏人在得知小朋友是独自在家的时候，有可能会强行进入。这个时候小朋友会有什么样的反应呢？

测试三　强行闯入

（随着门锁转动的声音越来越大，小朋友们也开始商量对策）

办法一：　给父母打电话

办法二：　拨打 110

办法三：　躲起来

王倩：请两位专家评价一下吧。

许建农：我觉得给家长打电话、及时向家长求助，这个办法挺好；直接报警，这个也很好。第三个是躲起来，我觉得也是很有必要的，因为好多入室盗窃最后转变成杀人，就是因为被害人的反应不当。比如陌生人闯进家里了，我建议孩子们躲到卫生间。因为歹徒是为了钱来的，所以一般都是直奔卧室，如果躲在卧室就正好撞到，应该躲到一个没有钱的地方。

其实小孩子对危险的应对是跟大人学的，身教胜于言传。但我发现一点，就是大人很容易把对孩子的担心、焦虑倒灌给孩子，很多家长在做安全教育时候会对孩子进行恐吓。原因很简单，因为大人承受不住这种焦虑，我担心孩子，所以我会把我的焦虑倒灌给孩子。这实际上不是一个很好的示范。更重要的是，当大人遇到危机的时候，他有没有足够镇定。或者当孩子遇到危险的时候，比如他说他很害怕，如果家长说你怕什么怕，这其实不是一个很好的处理，因为家长没有教会孩子怎么跟恐惧相处。这时候可以教他做深呼吸，或者说家里有什么东西，小孩子抱上就会觉得有力量了、安全了，这些都可以。所以实际上，这种镇定的情绪管理也是孩子在和大人相处的过程中不断学习的。

王倩：经过刚才的三个情景测试，我们现在都知道了，小朋友独自在家一定要严防死守，坚决不能给陌生人开门，最好也不要跟陌生人对话。让孩子们过一个平安快乐的假期是我们共同的目标。

安全提示

1. 独自在家时要把门锁好。如果有人敲门，要通过门镜确认是什么人。不论是快递员、推销员、物业管理人员、警察、父母的同事、维修工人还是查水电煤气人员，只要是你不认识的人，不管他有什么理由，都不要给他开门。

2. 如果来人告诉你他是你父母的同事，并能叫出你的名字，也知道你父母的名字，这种情况下也不要轻易开门。你可以询问

来人找父母有什么事并记录下来，等父母回来告诉他们，同时记住来人的长相、衣服、身高等特征。必要的时候给父母打电话，紧急情况下可以拨打110报警电话。

3. 如果遇到坏人以各种理由强行闯入，首先要保证自己的人身安全，迅速躲入房间并及时将房门反锁，身边有电话的情况下给父母打电话并及时拨打110报警电话，准确告诉警察你的家庭住址。身边没有电话的，可以打开窗户向楼下过往的人群呼救，这样可以吓跑坏人。

4. 不论在什么情况下，一定要确保自己的生命安全，不要与坏人硬拼，及时报警或呼救。

十二、空难和海难的逃生技巧

空难事件频发，关键时刻的逃生技巧你知道吗？当我们遇到空难或海难的时候，应该如何自救呢？救生衣穿不对，竟可能成为逃生的阻碍吗？

世界十大空难事件

1. 特内里费空难 583 人丧生

1977 年 3 月 27 日傍晚，西班牙北非外海自治属地加那利群岛的洛司罗迪欧机场上，两架波音 747 巨无霸客机在跑道上高速相撞。其中荷航飞机上的 248 人全部遇难，泛美航班上则有 61 人奇迹般得以生还。

由于发生事故的两架飞机都是满载油料与人员状态的大型客机，因此造成两机上多达 583 名乘客与机组人员死亡。这是直到 2001 年 911 事件发生前，因为飞机而引发的灾难中死伤人数最多的一起，也是迄今为止死伤最惨重的空难意外。

2. 日本航空 123 号班机空难 520 人死亡

1985 年 8 月 12 日，日本航空公司一架满载旅客的波音 747 客机从东京羽田机场飞往大坂。飞机在关东地区群马县御巢鹰山区附近的高天原山 (距离东京约 100 公里) 坠毁，520 人罹难，只有 4 名女性生还。

此次空难是世界上牵涉到单一架次飞机的空难中死伤最惨重的。

3. 土耳其航班坠毁 346 人死亡

1974 年 3 月 3 日，一架土耳其航空机身编号 TC-JAV 的麦道 DC-10-10 客机坠毁，机上 346 人在这次事故中无一幸存。

班机飞过莫特丰丹镇时，航空管制员从该航班收到一段不清楚的通

话。而飞机亦发生失压，机上以土耳其文播出飞机超速警告，并记录了包括副机长的通话：“机身爆开了！”981号班机随即消失于航管员的雷达屏幕内，稍后981号班机的残骸于埃默农维尔一处森林内被发现。

4. 印度上空两机相撞349人死亡

1996年11月12日，沙特航空公司一架波音747飞机离开新德里后在空中与哈萨克斯坦一架伊76飞机相撞，总共349人死亡。

这是航空史上最严重的飞机空中相撞事故。

5. 印航炸弹袭击329人死亡

1985年6月23日，印度航空公司一架波音747班机在爱尔兰西南外海上空飞行时，货舱内一枚炸弹爆炸，飞机随即坠毁，机上329人全部丧生。起飞前，一名乘客以“M. 辛格”的姓名办理登机手续，但没有登机，然而他的手提箱被装上了飞机，箱内有炸弹。“M. 辛格”从未被抓住，他的真实身份也一直是个谜。

经查，这起袭击是锡克教极端分子对印度政府的报复。1984年，印度政府军在“金庙事件”中打死多名要求独立的锡克教激进派领袖。

6. 伊朗军机空难302人死亡

2003年2月20日，伊朗一架军用运输机坠毁，总共造成302人死亡，这起事件也成为自1978年以来发生的最严重的空难之一。

当地时间晚上5点30分左右，这架从伊朗东南部城市扎黑丹飞往中部城市克尔曼的军用运输机在距离目的地不到100公里时突然与地面控制人员失去了联系。

一位不愿透露姓名的伊朗军方人士介绍，这架飞机上的乘客多数为精锐的伊斯兰革命卫队成员，他们刚刚结束了在扎黑丹执行的“重要任务”，不幸在返回原驻地过程中出事。

有关方面表示，本次事故可能是当地天气条件过于恶劣所致。

7. 沙航班机起火 301 人死亡

1980 年 8 月 19 日，沙特阿拉伯航空一架洛歇 L1011-200 三星式班机执行此航班，载着 287 名乘客及 14 名机组人员，在利雅得国际机场起飞后即报告货舱起火。最后飞机虽成功折返，但机上共 301 人无一生还。

这是当时航空史上第二惨重的单一飞机空难事故，仅次于土耳其航空 981 号班机。

8. 伊朗客机被美军击落 290 人死亡

1988 年 7 月 3 日，伊朗航空公司一架 A300 空中客机在海湾上空时，因为被误认为是一架攻击机而遭美军巡洋舰文森斯号击落，所有 290 名乘客和机组人员全部遇难。

文森斯号上的人员被进行中的枪战转移了注意力，将这架 A300 误认为是敌方的空军飞机，并用两枚地对空导弹将其击落。

9. 芝加哥奥黑尔机场空难 273 人死亡

1979 年 5 月 25 日，美国航空 DC-10 飞机从芝加哥的奥黑尔机场起飞时，飞机引擎掉落并严重破坏了机翼。在机组人员对情况作出反映前，飞机旋转了 90 度并在跑道 1 英里上空爆炸成一个大火球，最终导致 273 人死亡。

这是美国历史上最严重的空难。

10. 韩国客机被苏联战斗机击落 269 人死亡

1983 年 9 月 1 日，一架从美国阿拉斯加起飞的韩国民航波音 747 飞机，在飞往汉城途中偏离航道飞向了堪察加半岛南部以及萨哈林岛，“碰巧”途经了苏联部署在这一地区的战略弹道导弹基地。最终这架偏离正常航向的韩国客机被奉命起飞的苏 -15 战斗机击落，事后报道称，机上 269 名乘客全部罹难。

2014 年 3 月 8 日凌晨，从吉隆坡飞往北京的 MH370 班机与空中管制失去联络，机上 239 人至今杳无音信。

就在马航空难之后不久，也就是 2014 年的 4 月 16 号，韩国岁月号轮船在韩国西南部的海域沉没，船上搭载的乘客 476 人中 281 人遇难，近 23 人失踪。从事故发生到船只沉没的半小时里仅有 172 人成功逃生。

关键词1：救命的防撞击姿势

王倩：这两个新闻事件为我们敲响了警钟。当我们遇到重大的空难或者海难的时候，应该如何自救呢？

清华大学公共安全研究院博士、副教授陈建国

陈建国：现在国际上有一个公认的统计数字：65% 左右的空难发生在飞机起飞时的 6 分钟和降落时的 7 分钟左右。虽然空难的生还率较低，但是正确的防撞姿势还是可以在关键时刻救你一命。如果你的前面有一个椅背的话，可以把胳膊和头靠在前面的椅背上，双手抱头。

王倩：刚才陈教授说了，起飞时的 6 分钟和降落时的 7 分钟是最危险的时候。实际上，这在航空业被称为可怕的 13 分钟。但是这 13 分钟，我们坐飞机的人是可以有效应对的。那么在飞机发生冲撞或事故的时候，我们该怎么做呢？

首都航空有限公司空乘张欢

张欢：小朋友受身高的限制，坐在座椅上时双脚可能是离地的。有些小朋友的双臂比较长，可以抓到前面的扶手，有的抓不到。一旦发生险情，首先要身体前倾，然后头贴住膝盖，双臂抱紧双腿。如果脚能碰到地面就用力蹬地，碰不到的话就尽量让身体紧绷，减少冲击造成的碰撞。这种姿势也适用于第一排前面没有座椅的旅客。

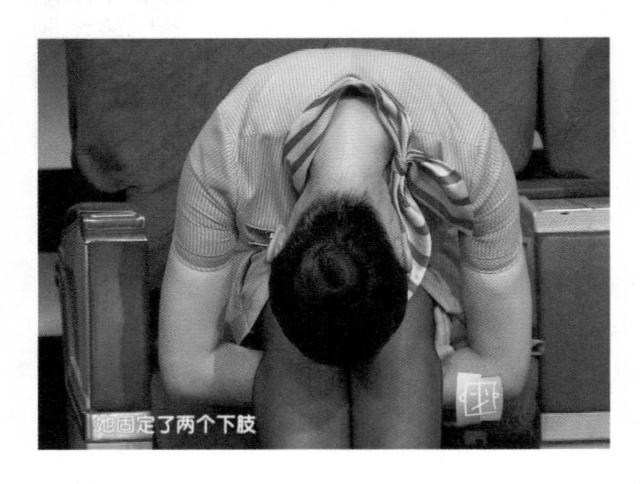

第二种防冲撞姿势就是双臂伸直然后交叉，紧抓前面的座椅。不要用手指抓，要用掌根推着前面的座椅，防止手指受损。然后俯下头，用交叉的双臂将头紧紧夹住，双腿平放，用力蹬地。

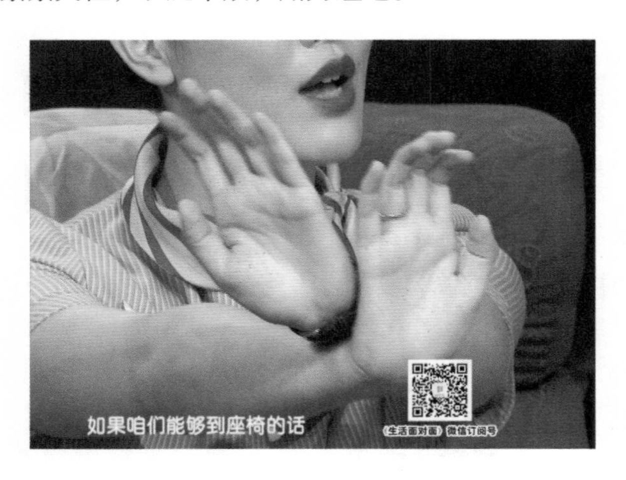

王倩：这两个姿势有什么好处呢，封院长帮我们解答一下好不好？

北京军区八一儿童医院院长封志纯

封志纯：这个方法是有生理科学基础的。下肢被固定住，确保下肢不会摆动，这样在撞击的时候不会骨折；头部也处在一种固定的状况，避免了头部损伤，也就是骨折、颅内出血这些大的问题。前提是安全带要先扎紧。

王倩：大家知道吗，就是刚刚的这两个姿势，曾经拯救了 129 个人的性命。1991 年，北欧的一架客机起飞后不久，引擎突然停止了转动。飞行员试图在一片农田上迫降，机上的 129 名乘客就是按照刚才张欢姐姐和封院长告诉我们的防撞击姿势去做的，因而挽救了自己的生命。

关键词2：救生衣为什么会成为逃生障碍

王倩：现在我手上有一个救生衣，还是请张欢姐姐为我们演示一下好不好？

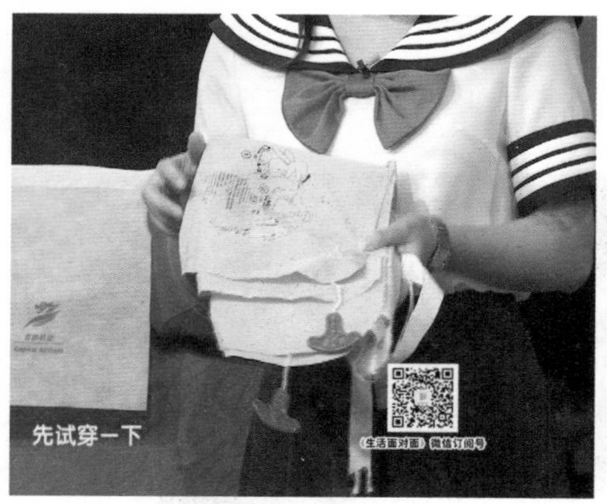

张欢：首先说一下救生衣的位置。它在我们每一个旅客座椅下面的小口袋里，是全密封包装的。把它取出打开之后，上面有一个 Top 标记，就是头顶的意思。把它从头部套好，可以看到一个像书包扣似的东西，再将带子扣好系紧。救生衣上有两个红色的充气泵，里边还有两个人工充气管，在充气不足的时候，我们可以用充气管向里吹气。

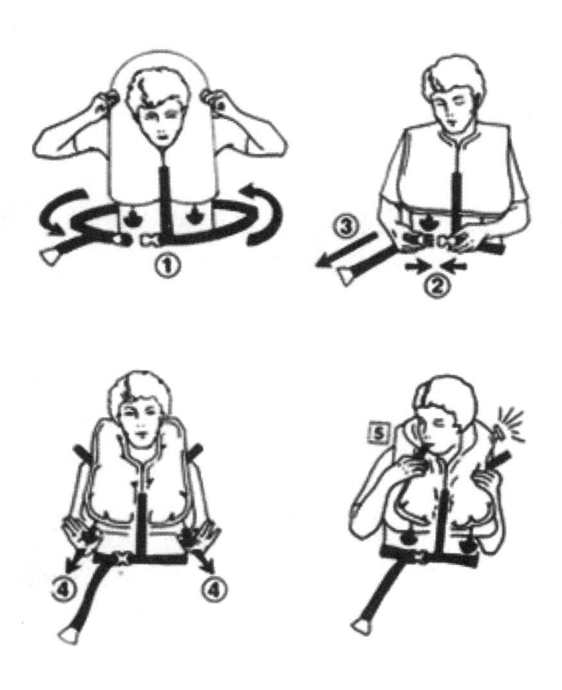

王倩： 当我们穿好救生衣、让它充起气来之后，它就相当于穿在身上的救生圈对不对？那么，为什么有人穿上了充满气的救生衣，反而还遇难了呢？

陈建国： 乘客在穿上救生衣以后、离开逃生舱门之前，是不能直接给救生衣充上气的，这里有三个原因。一是飞机内的空间比较狭窄，如果提前充上了气，就会使这个空间变得非常拥挤，自己的行动不方便，同时也会阻碍别的乘客的行动；二是救生衣充上气以后，假如在机舱里碰到尖锐物品，有可能会被扎破，这样就失去了救生衣的功能；三是如果飞机在水上迫降，一旦飞机里进了水，那么人就会漂浮在飞机里面，大大降低了逃出飞机的可能性。

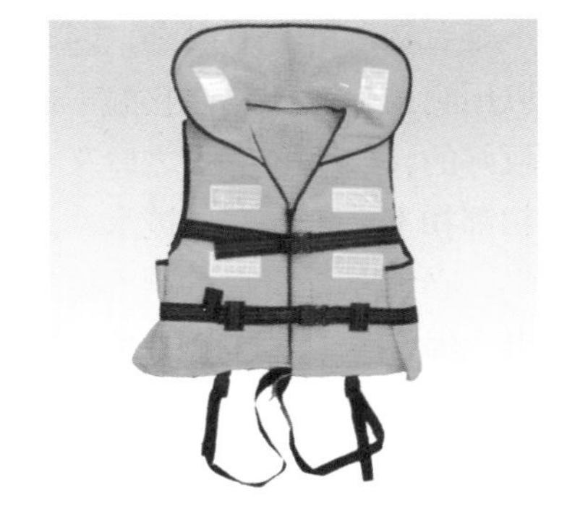

王倩： 明白了，逃生有两个步骤，首先要穿上这个救生衣，接着要离开危险空间到达安全的地方，比如说水面上。所以我们应该在离开舱门之后，也就是远离危险地带之后再给救生衣充气。

关键词3：海难逃生的救生装备

王倩： 再来说一下沉船事件。岁月号在发生问题后的 30 分钟里，有那么多学生没有成功逃生，这是为什么呢？

陈建国： 据目前所知的情况，岁月号沉船事故的发生主要是因为船长当时发出了一个错误的疏散指令。也就是说在船刚刚发生险情的时候，他要求大家穿上救生衣，但是他直到 30 分钟之后才发出疏散指令，失去了疏散的最佳时机，也就是失去了最佳的逃生时机。

王倩：海难逃生的时候应该带上哪些物品呢？

陈建国：逃生时首先要考虑在水里体温过低的问题，如果有冲锋衣的话一定要带上。冲锋衣比较贴身，而且袖口可以扎紧，也有保温的功能。还有保暖内衣，实在不行的话毛衣也可以。它吸水比较多，但是不至于特别重、负担特别大。羽绒服吸水性太强，会增加负担，让人在水里浮不起来，不是首选。围巾可以选，因为海风的对流也是损失热量的一个重要原因，可以用它盖住头，即便它湿了也会比较轻。总结一下就是一定要选择保暖性比较好的，而且遇到水之后又不容易沉的衣服。穿救生衣一定要记得把胸扣腰扣都扣上，否则容易被水冲走。另外要记得带淡水，因为海水是咸的，不能喝，必须要有淡水才能维持生命。还有手套，有的话也可以带，需要扒船或者拿绳索的时候可以保护我们的手。手电筒也尽量带上，在海上面打开手电筒可以作为信号，让搜索的人能够发现。巧克力是能够补充热量的，要带上。

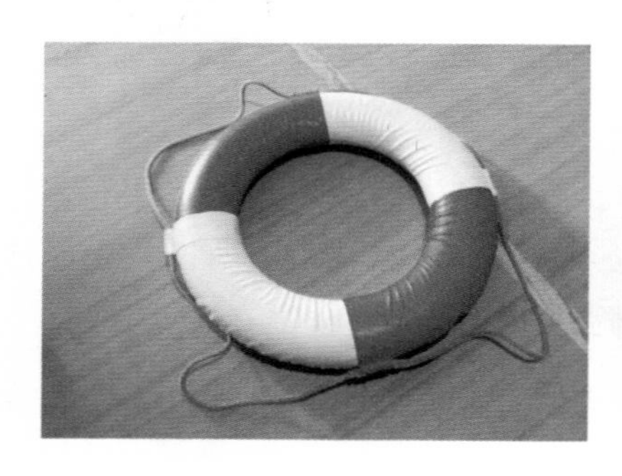

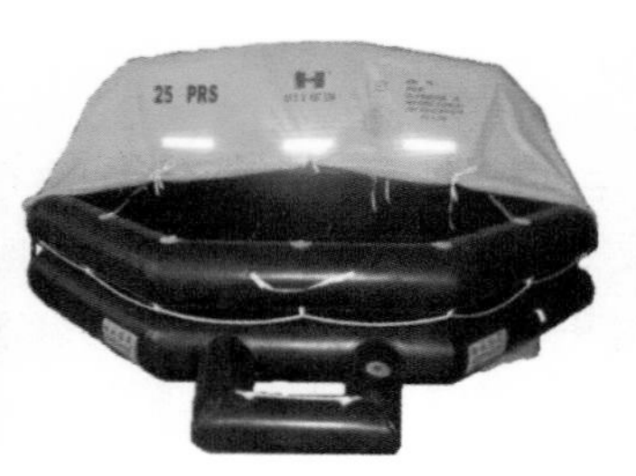

安全提示

海上遇险时应如何自救呢？要注意以下几点：

1. 穿用抗浸服。抗浸服有很好的防水、保暖的作用。一般来说，人泡在 15~20℃的水中，可以生存 12 小时；水温 10~15℃时，大多数人可以生存 6 小时；水温 5~10℃时，有一半人可以生存 1 小时以上；水温 2~5℃时，大部分人生存时间不会超过 1 小时。水温2℃以下时，一般人只能耐受几分钟。对于一般海上遇险者来说，如在下水前穿上较厚的衣服，就能延长冷水浸泡的生存时间，最好能套上防水服。若水温低于10℃，必须戴上手套和穿上鞋子，使体热散失量减到最小。

2. 保持安静。落入冷水者应利用救生背心或抓住沉船飘浮物，尽可能安静地飘浮，这样在进入冷水时的不适感很快就会减轻。在没有救生背心也抓不到沉船飘浮物，或者必须马上离开即将沉没的船只以及离海岸或打捞船的距离较近时，才可以考虑游泳。否则，即使游泳技术相当熟练，在冻冷的水中也只能泳很短的距离。在10℃水中，体力好的人可以游1~2公里，一般人游100米都很困难。

3. 保护头部与采取一定的姿势减慢体热散失。入水后应尽量避免头颈部浸入冷水里，不可将飞行帽或头盔去掉。头部和手的防护是相当重要的。为了减少水接触的体表面积，特别是保护几个高度散热的部位，即腋窝、腹股沟和胸部，在水中应取双手在胸前交叉，双腿向腹屈曲的姿势。如果有几个人在一起，可以挽起胳膊，身体挤靠在一起以保存体热。

4. 要有坚强的意志及克服困难的决心，只有这样才能激发无穷的智慧，克服重重困难。

5. 迅速发出呼救信号，请求救援。

6. 离船在海水中漂流或乘救生器材漂流要辨别好方向，安定情绪，迅速离开险船。

7. 不要喝海水，千方百计寻找淡水，防止脱水。

8. 寻找食物代用品，海洋中有鱼、龟、海鸟、贝壳、海藻可供食用。

9. 谨防鲨鱼、海蛇等咬伤。

出行安全乘机指南

1. 尽量选择直飞航班。一次飞行可以划分为起飞、初始爬升、爬升、巡航、下降高度、开始进场、最后进场、着陆8个阶段。以1.5飞行小时的航段来说，每个阶段在整个飞行过程中所占的

时间比例不同，发生事故的几率也不相同。起飞和着陆占总飞行时间的6%，但事故几率却高达68.3%，所以有“黑色10分钟”之说。由于大多数空难都是发生在飞机起飞和降落的阶段，因此应该尽量选择直飞航班，这可以最大限度地降低起飞和降落的次数。

2. 尽量选择大机型。在选择飞机机型方面，应该选择30个座位以上的飞机。专家指出，飞机机体越大，受到国际安全检测标准也越多、越严，而在发生空难意外时，大型飞机上乘客的生存几率也相对较小飞机要高。

3. 尽量选择安全系数高的航空公司。

4. 后舱比前舱安全。在空难中能否幸存也与所处位置有关。根据美国一家飞行安全网站的统计，坐在机舱后部的乘客在航空事故中的存活率要比坐在前排的乘客高出20%。因为即使在冲出跑道、迫降等事件中，飞机也总是前行，因此撞击也发生在前部，这就是把空难记录器置于机尾的原因。

5. 熟记起飞前的安全指示。飞行安全专家表示，各种不同机型的逃生门位置都有出入，乘客上了飞机之后，应该花几分钟仔细听清楚空服人员介绍的安全指示，如果碰到紧急情况，才不会手足无措。

6. 随时系紧安全带。在飞机翻覆或遭遇乱流时，系紧安全带能提供乘客更多一层的保护，不至于在机舱内四处碰撞。

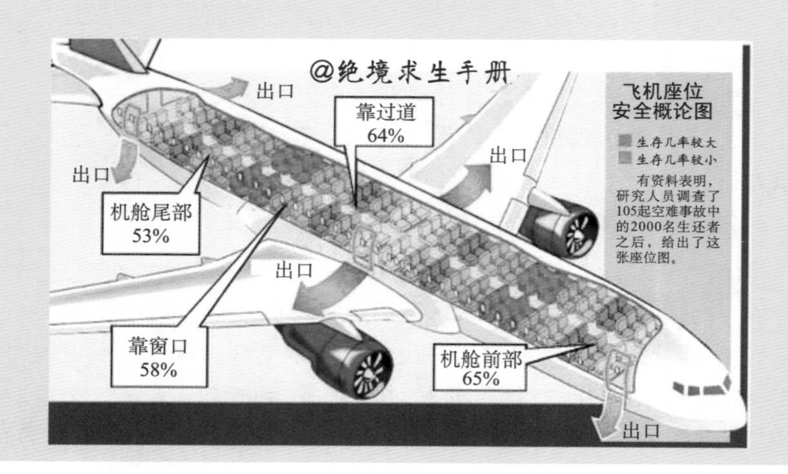

意外情况逃生技巧

空难中对人员的伤害主要有3个：一是飞机坠地时的巨大冲击力；二是飞机燃烧时的火焰；三是燃烧产生的有毒烟雾。因此，躲开这三个杀手，是逃生与自救的关键。很多业内人士认为，飞机失事后的一分半钟内是逃生的“黄金时间”。能否在飞机失事的瞬间逃生，不仅仅取决于你的临场反应够不够快，懂得如何自救才是重中之重。

1. 选择正确的防冲击姿势。在发生坠机前，按照乘务员的指示采取防冲击姿势：小腿尽量向后收，超过膝盖垂线以内；头部向前倾，尽量贴近膝盖。

2. 戴好氧气面罩。当机舱“破裂减压”时，要立即戴上氧气面罩，并且必须戴严，否则呼吸道肺泡内的氧气会被“吸出”体外。为了增加舱内的压力和氧浓度，飞机会立即下降至3000米高空以下，这时必须系紧安全带。

3. 学会系解安全带。因为飞机坠地通常是机头朝下，油箱爆炸会在十几秒后发生，大火蔓延也需几十秒时间，而且总是由机头向机尾蔓延。当飞机撞地轰响的一瞬间，要飞速解开安全带系扣，迅速冲向机舱尾部朝着外界光亮的裂口，在油箱爆炸之前逃出飞机残骸。

4. 若飞机在海洋上空失事，要立即换上救生衣。

5. 拼命呼喊避免“震昏”。飞机下坠时，要对自己大声呼喊：“不要昏迷，要清醒！兴奋！”并竭力睁大眼睛，用这种“拼命呼喊式”的自我心理刺激避免“震昏”。

6. 捂住口鼻，避免吸入重度烟雾中毒。如果你能从冲撞中幸存，下面要面对的就是大火和烟雾。烟雾中含有有毒气体，过多地吸入将导致死亡。舱内出现烟雾时，一定要使头部处于可能的最低位置，因为烟雾总是向上的。屏住呼吸，用饮料浇湿毛巾或手绢，捂住口鼻后再呼吸，弯腰或爬行至出口。